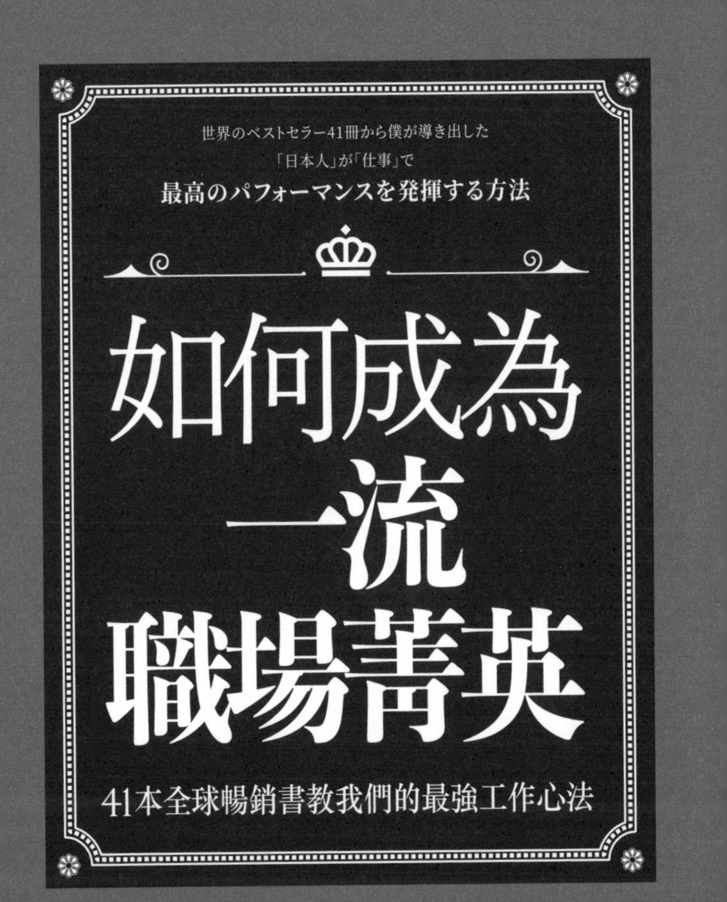


# 如何成為一流職場菁英

41本全球暢銷書教我們的最強工作心法

Sam的書籍解說頻道——著

甘為治——譯

# 序 寫給所有希望提升工作或學業表現的人

我一年會看約兩百本書。

原因是，過去我希望自己一直處在有所成長提升的狀態。後來閱讀了許多書籍，我領悟到一件事。

這件事就是，和投資、寫作一樣，**提升個人表現也有所謂的「必勝法則」**。

透過閱讀獲得的知識，可以成為讓人生更上一層樓的武器。沒錯，**「知識」就是最強的武器**。

**在自己做得到的範圍內實踐**、**運用**這些知識，能讓你在每一天拿出好表現，進而帶給人生正向改變。

我根據自身的成功經驗，在YouTube上開設了「Ｓａｍ的書籍解說頻道」，介紹、解說自己讀過，並因此得到提升的推薦好書。

「Ｓａｍ的書籍解說頻道」的理念有兩點：

1、用知識豐富人生。

2、實踐有科學根據的健康方法，以藉此提升身體、心理、腦的表現，使人生更滿足、更幸福。

自二〇一九年五月開設頻道以來，目前已有三十五萬四千多人訂閱，影片的總觀看次數則超過了兩千一百萬次（截至二〇二一年七月）。

在這本書裡，我從曾在頻道上提起的書之中，嚴選出了四十一本個人真心推薦的書籍加以介紹，並對有科學佐證的「發揮出最佳表現的方法」進行解說。

## 要有好的表現就要有明確的價值觀

你現在是否已經發揮出自己的最佳表現了呢？

我總是提醒自己，盡可能將頭腦與身體維持在最佳狀態，做好身體與心理的準備，以隨時全力發揮出自己的能力。

透過大量閱讀，我發現要能完全發揮出自己的能力，有兩點十分重要，那就是——

**「健康的身體」與「價值觀」**。

我基於「希望能一直維持最佳表現」的想法，一年閱讀約兩百本書後，得出的結論就是這兩點。

「健康的身體」與「價值觀」正是影響我們表現的關鍵因素。也可以說，這兩點是發揮最佳表現的不二法門。

身體健康的話，工作就會順利。**要改善身體狀態，主要得從「睡眠」、「運動」、「飲食」、「內心管理」這四個方面著手。**

此外，價值觀能使人強大，**擁有堅定不移的價值觀，會讓你成為堅強的人。**

原因在於，擁有堅定不移的價值觀，代表一個人了解自己內心深處真正想要做的事。

知道自己想做什麼的人有辦法做出符合價值觀的選擇，行動時沒有迷惘，能自信地走出自己的人生。

而且，如果不是自己內心深處真正想做的事，相信應該沒有人會認真去做。因此，**愈是擁有明確價值觀的人，通常愈是能表現出色。**

我了解到，要用經過科學實證的最佳方法維持身體健康，同時秉持個人的價值觀行動，也就是**最佳的健康狀態與堅定不移的價值觀，能開創更豐富的人生。**

我希望盡可能讓更多人體會閱讀帶來的感動及充實，因此決定動筆寫下本書。

## 不用追求完美，先做到「平均六十分」就好

本書共有六章，關於「身體健康」的部分，分別從第一章「睡眠」、第二章「運動」、第三章「飲食」、第四章「腦科學」、第五章「心理學」等層面進行講解。

至於價值觀，則會在第六章做綜合性的講解。書中提到的內容，全都是以科學實證為基礎，能夠帶來幫助的知識。

包括本書中沒有提到的書在內，我從許許多多的書籍獲得了大量知識。實踐從書本得到的知識能夠維持你的表現，確實帶給人生正向改變。

但重要的是，「不需要全部都實踐」。

我的基本態度是**「以平均六十分為目標」**。

本書所介紹的方法全都經過科學證明有效，而且我也親自體驗、實踐，確認其效用。

不過我在書中也提到，這些方法是否適用，是因人而異的。因此建議大家不要有「所有方

法都要完美執行」的想法，先抱持「平均有六十分就好」的態度，從感覺自己做得到、自己有興趣的方法開始嘗試。

希望每個人都能像這樣用自己的方式一點一滴實踐，領悟出能發揮自身最佳表現的方法。

要閱讀本書提到的四十一本書，需要相當的時間、費用以及心力。現代社會的每件事都可說是在與時間賽跑，因此如果有任何簡略、省時的方法，都應該積極採用。

這本書便是根據我個人的詮釋，將許多本好書的內容濃縮在一起，或許可以說，**讓人生更幸福的人生致勝法則全都收錄進來了**。

希望你在閱讀本書後，能夠找出最適合的方法幫助自己發揮最佳表現，並試著打造你個人專屬的心法。

# 目次

CONTENTS

第2章
打造發揮卓越表現的基礎！
## 最強運動法



第3章
學習正確知識，不再事倍功半！
## 最強飲食法

第4章

## 認識人的本能，將自身能力發揮到極致！

# 打造最強心理素質① 腦科學

## 第5章 打造最強心理素質② 心理學

跟著最新科學證據提供的正確解答做準沒錯！



## 第6章 最強思考法

從「價值觀、內心」做起，創造你的最佳表現！

# 第1章

確實理解箇中道理，
按部就班執行就對了！

# 最強睡眠法

# 睡眠最重要的是開頭的九十分鐘。關鍵在於身體的深層體溫

**推薦書籍**

**最高睡眠法：來自史丹佛大學睡眠研究中心【究極的疲勞消除法】×【最強醒腦術】全世界菁英們都在進行的「睡眠保養」**

西野精治／著
陳亦苓／譯
悅知文化出版

西野精治……史丹佛大學醫學院精神科教授，亦擔任該校睡眠與生理週期神經生物學實驗室（SCN實驗室）主任。

## 開頭的九十分鐘決定了睡眠品質

睡眠的品質會大大影響我們的表現。首先要知道，睡眠不足會引發許多可怕的問題，像是罹患疾病風險增加、壽命縮短、腦機能下降、心理素質變差、肥胖等對身體的危害。

看了之後有何感想呢？你是否覺得不睡覺是一種非常愚蠢的行為？

刊登於權威醫學期刊《刺胳針》（The Lancet）上的研究指出，**睡眠不足將導致腦部生產力下降，工作或念書將多耗費百分之十四的時間**。多花百分之十四的時間，相當於八小時可

以完成的工作會拉長到九小時七分之多。

是維持睡眠充足，用八小時就完成工作好；還是在睡眠不足的狀態下，花超過九小時的時間勉強做完工作比較好？相信答案應該非常明顯。

但話說回來，忙著打拼事業的商務人士想要每天擁有充足的睡眠可能沒那麼容易。像這種忙到沒時間好好睡覺的人，便該了解睡眠「開頭九十分鐘」的重要性。**只要提升開頭九十分鐘的睡眠品質，就能將睡眠不足造成的危害減到最低**。

然而就算睡了八小時，如果開頭九十分鐘的睡眠品質不好，也會造成睡眠的恢復效果大打折扣。簡單來說，最新研究顯示，**應該設法提升最初九十分鐘的睡眠品質**。

## 睡眠時分泌的「生長激素」是消除疲勞的關鍵

人的睡眠基本上會重複循環睡得較深的「非快速動眼期」與睡得較淺的「快速動眼期」，而睡得最深的則是開頭的九十分鐘。換句話說，**「睡眠的黃金九十分鐘」就在一開始**。

非快速動眼期屬於深眠狀態，腦部及身體會在此時專注於休息。腦部會在非快速動眼期大幅減少活動量，藉此冷卻停機。

而快速動眼期則是一種非常神奇的狀態，身體雖然在睡覺，腦部卻是醒著的。一般認為，腦部會在快速動眼期進行記憶的整理。當我們睡覺時，腦部其實也還是在工作。

睡眠之所以有消除疲勞的效果，是因為身體會在睡眠時分泌「生長激素」，生長激素能夠促進細胞修復。

**睡眠時分泌的生長激素有百分之八十是在開頭九十分鐘的深眠期間分泌的。**一開始的九十分鐘重要的原因便在於此。

每天睡七小時，確保睡眠的「量」固然重要，但睡眠的「質」，也就是「在開頭九十分鐘深眠」也同樣不可忽視。不論你是否有充足的時間睡覺，都應該留意這一點。

那麼，該怎麼做才能提升開頭九十分鐘的睡眠品質呢？

## 在睡前九十分鐘洗澡

最有效的方法，是**「在睡前九十分鐘左右洗好澡」**。

洗澡會先使身體深層的體溫上升，洗完澡後我們的身體會從手、腳等四肢末端散熱以降低深層體溫，回到原本的溫度。身體的深層體溫這樣逐漸下降的過程中，我們會自然而然產生睡意。這個時間點就在洗好澡後約九十分鐘。

在這個時間點就寢能夠順利入睡，並在開頭的九十分鐘進入深眠。重點是在身體的深層體溫逐漸下降，睡意到達高峰時就寢，因此不需要死守洗完澡後九十分鐘的時間，畢竟每個人深層體溫的下降速度未必相同。

想要改善睡眠品質，提升個人表現的話，就該這樣做。

**POINT**

- 約七小時的充足睡眠有助於提升表現。
- 提升睡眠「開頭九十分鐘」的品質，可以減少睡眠不足造成的壞處。
- 就寢前九十分鐘洗澡可確保睡眠品質良好。

## 理想睡眠時間因人而異。七個提升睡眠品質的方法可幫助你擁有舒適好眠

**推薦書籍**

**你睡對覺了嗎？：睡不對疾病纏身，睡不好憂鬱上身。日本睡眠專家的12個處方籤×8個新知，破解睡眠迷思，不再失眠、憂鬱，身心腦都健康有活力**

川端裕人＆三島和夫／著
江裕真／譯
臉譜出版

川端裕人……小說家、非文學作家。
三島和夫……國立精神暨神經醫療研究中心部長。2002年起曾任美國維吉尼亞大學時間生物學研究中心研究員、史丹佛大學客座副教授，2006年起擔任現職。

### 適當的睡眠時間沒有一定標準

一般人都認為「睡八小時是最好的」，但到目前為止，這種說法並沒有明確的科學根據。

既然這樣，那該睡幾個小時呢？答案是**「理想的睡眠時間因人而異，而且也會隨年齡改變」**。由於每個人的狀況不同，因此無法一概而論睡幾個小時最好。

不過，**許多研究顯示，二十多歲至四十多歲的人睡七小時半左右通常是最好的**。基本上，隨著年紀愈來愈大，必要的睡眠時間會縮短。簡單來說，小孩子應該睡十小時，學生則是八

小時。至於成人睡七小時左右，年長者睡五小時左右就很夠了。不過這同樣是因人而異，所以不妨多加嘗試，找出對自己而言最理想的睡眠時間。

透過「白天時會不會覺得想睡覺」這件事，可以判斷自己的理想睡眠時間。如果目前的睡眠時間不會讓你在白天感覺想睡的話，就代表晚上有睡好。

即使夜裡醒來好幾次，或是只睡了六小時，但只要白天時頭腦有正常運作便不需要擔心，這樣的睡眠已經足夠了。反過來說，就算覺得自己有睡好、起床時神清氣爽、熟睡了八小時等，白天時頭腦運作卻不靈光的話，則意味著睡眠還有改善的空間。

換句話說，「白天的表現」是了解自己睡眠品質的參考指標。

## 七個提升睡眠品質的方法

提升睡眠品質的方法主要有七個。

① 控制光線。

②將睡前兩小時當作放鬆的時間。

③每天相同時間起床。

④三餐規律進食。

⑤培養固定的運動習慣。

⑥下午兩點以後不攝取咖啡因。

⑦午睡要在下午三點以前睡，時間約二十至三十分鐘就好。

這些可說是能幫助大多數人提升睡眠品質的方法。

①**控制光線**是指早上曬太陽、晚上減少照明等。每天早上或上午曬太陽五至二十分鐘左右是最理想的。白天曬太陽會讓身體分泌有「幸福激素」之稱的血清素，使腦部清醒。**血清素具有提升幹勁、穩定內心的作用，可帶來使人態度積極、感覺暢快、思路清晰、提升幸福感等效果**。便利商店或超市的強光、智慧型手機及電腦的藍光等會刺激腦部，睡前要避免接觸，而且最好傍晚以後就盡量不要暴露在這些光線下。

不過話說回來，傍晚以後要完全不照到光其實是不可能的事。因此我建議，至少從「睡前兩小時」起避免暴露在強光下。

這也與②**將睡前兩小時當作放鬆的時間**有關。在這段時間洗澡，或在柔和的燈光下閱讀、寫日記、稍微做些伸展、冥想、放空發呆、點精油、和寵物玩、聽古典樂等都是不錯的選擇。

盡量避開強光、放鬆身心，使副交感神經主導運作的話，就能改善睡眠品質。

所謂的副交感神經主導運作，就是身體進入休息模式的意思。只要身體進入了休息模式，睡眠品質便會提升。

另外也要記得盡量做到③**每天相同時間起床**。每天在差不多的時間起床，能夠建立規律的生活節奏。

生活節奏規律的話，腦及身體就有辦法切換「開」與「關」，也就是知道何時該休息，何時該工作。白天時頭腦維持清醒，晚上確實消除疲勞，表現就會有所提升。

「進食」是最容易建立節奏的行為之一，因此要做到④**三餐規律進食**。

像是養成八點吃早餐、中午十二點吃午餐、傍晚六點吃晚餐的習慣，在固定時間進食的話，便容易建立身體的節奏，提升睡眠品質。

「光線、飲食、運動」這三項因素都會大大影響生活節奏，因此也要記得⑤**培養固定的運動習慣**。

運動感覺好像是件很麻煩的事，但通勤、做家事這類日常的活動其實全都算是運動。

例如，每天早上七點出門走路到車站搭電車通勤，就是培養規律的生活節奏。在固定時間活動身體能有效建立良好的生活節奏（行有餘力的話，可以從事健走、慢跑、騎自行車、重訓等強度更高的運動）。運動有助於調節自律神經、分泌生長激素，提升夜晚的睡眠品質。

## 舒適好眠能帶來好表現

咖啡及綠茶等飲料中所含的咖啡因具有使腦部清醒、提升專注力的效果，攝取之後讓腦部清醒的效果會維持四小時，因此才會建議⑥**下午兩點以後不攝取咖啡因**。這樣做是為了避免影響晚上的睡眠品質。

另外，午睡是有助於提升下午表現的好習慣。

適度午睡所產生的恢復效果據說約是夜晚睡眠的三倍，可大幅增進下午的生產力。

但要記得，**⑦午睡要在下午三點以前睡，時間約二十至三十分鐘就好**。午睡超過三十分鐘的話會進入深眠，反而使得晚上的睡眠品質變差。理想的午睡時間是中午十二點到下午兩點左右，這樣效果最好。

當然，如果沒有睡意的話，不用勉強自己一定要午睡。就算只是閉眼休息五分鐘，也能消除不少腦部的疲勞。如果工作性質不適合睡午覺的話，不妨利用午休時間稍微閉目養神。

優質睡眠是提升個人表現不可或缺的因素。

## POINT

- 理想的睡眠時間因人而異，要了解自己適合睡多久。
- 白天不會覺得想睡的話，代表晚上有睡好。
- 實踐「七個提升睡眠品質的方法」能帶來更好的表現。

# 「睡眠品質×營養」能提升腦部機能



## 睡眠品質×充足的營養＝好表現

有好好睡覺的話，對於日常的工作表現也會有幫助。

睡眠品質對於腦部與身體的休息固然重要，**透過飲食攝取充足養分也同樣不可或缺。**

腦部分泌的褪黑激素別名「睡眠激素」，有助於提升睡眠品質。褪黑素會讓我們自然產生睡意、增進睡眠品質，而睡眠時分泌的生長激素則會修復體內細胞（詳細內容會在第四章的〈提升抗壓性的祕訣是管理好生活再「行動」〉介紹）。

因此，必須讓身體順利生成褪黑素及生長激素，才有辦法充分休息、提升表現。

要透過睡眠生成這些激素，則得藉由均衡的飲食補充足夠養分。我們應該攝取的養分主要是以下這六種：

- 蛋白質
- 脂質
- 醣類
- 維生素
- 礦物質
- 食物纖維

**均衡攝取這些營養，能夠生成足夠的激素供身體進行修補與恢復。**

肉類及魚貝類富含的蛋白質，更是體內激素的主要原料。要生成有「幸福激素」之稱的血清素、別名「幹勁激素」的多巴胺、帶來愛情及信任等情緒的催產素等重要的激素，就必須攝取充足的蛋白質。

蛋白質的建議攝取量隨體重而有所不同，每天的必要量大約是「體重×1～1.6克」，假設體重60公斤的話，一天最好攝取60～90公克的蛋白質。

## 用有益身體的食物提升睡眠品質

攝取充足養分的大原則是飲食均衡，不要偏食。除了前面提到的蛋白質，也要廣泛攝取脂質、醣類、維生素、礦物質、食物纖維。

因此，最好不要只用飯糰、麵包、麵類等碳水化合物打發一餐。糕點甜食、冰淇淋、零嘴等休閒食品也容易讓人禁不住誘惑，但這些東西對身體並沒有好處，要適可而止。

另外，喝酒也最好有所節制。

一般認為，20公克左右的酒精量不至於會危害健康。以啤酒之類酒精濃度4％的酒來說，攝取量就差不多該控制在500毫升左右，燒酎氣泡酒等酒精濃度5％～6％的酒，則是飲用350

毫升以上就會超標。

不過，每個人分解酒精的能力不同，所以20公克對某些人而言可能已經過多了。換句話說，**由於沒有一種標準可以適用於所有人，因此還是得自行確認怎樣的量最適合自己。**

第三章的〈有助提升表現的食物〉小節當中，會再具體介紹該吃什麼、不該吃什麼。總之，飲食注意營養均衡、盡量避免吃不該吃的東西有助於優化睡眠品質，幫助你提升表現。

**POINT**

- 想提升腦與身體的表現，就要有充足的睡眠與攝取足夠養分。
- 分泌有助於提升表現的腦內激素需要蛋白質。
- 睡眠與營養兩者都是提升表現的關鍵。

# 做夢有撫平內心傷痛與帶來創意發想的作用

**推薦書籍**

**為什麼要睡覺？：睡出健康與學習力、夢出創意的新科學**

Matthew Walker／著
姚若潔／譯
天下文化出版

Matthew Walker……睡眠顧問、加州大學柏克萊分校教授。

## 做夢有助於釋放壓力

你是否有一覺睡醒之後還記得自己做了什麼夢的經驗？我們在睡覺時做的夢，主要有兩種作用，分別是**「撫平內心傷痛」**與**「知識性地處理資訊，發展創意與問題解決能力」**，以下將說明兩種作用各自有什麼樣的功能。

首先是**「撫平內心傷痛」。我們腦內的化學物質會在快速動眼期（身體雖然在休息，但腦部是醒著的）發生劇烈變化**（關於快速動眼期，詳情請參閱P14〈睡眠最重要的是開頭的九十分鐘。關鍵在於身體的深層體溫〉。一天二十四小時的時間中，誘發不安的激素「正腎上腺素」只有在快速動眼期會從腦中消失無蹤。

正腎上腺素雖然能提升短期專注力，但也是一種壓力激素，會對腦部形成壓力。

另外在快速動眼期時，腦部負責掌管情緒的杏仁核與扣帶皮層活動量會較清醒時增加30%。

由於上述這些現象，一般認為做夢就有如進行夜間治療，在快速動眼期做夢有助於記住有價值的經歷，忘卻不好或難過的記憶。

換句話說，**做夢等於是幫助我們減輕了壓力**。

## 做夢也是科學、藝術等各種領域的靈感來源

接著來看做夢的第二項作用，**「知識性地處理資訊，發展創意與問題解決能力」**。

**我們於快速動眼期做夢時，腦部會整理過去至今所累積的龐大知識，並從中歸納出某種規則性或共通點**。因此，隔天早上醒來時，腦中的資訊經過了整理，就有可能產生獨特的發想

或創新的解決方案。其實歷史上有許多人都是因為做夢而得到了靈感啟發。

例如，發現元素週期表的俄羅斯化學家德米特里・門得列夫；發現腦部突觸運作機制的美國（出生於德國）藥理學家奧托・勒維；創作了〈Let it be〉、〈Yesterday〉等經典名曲的英國搖滾樂團披頭四（保羅・麥卡尼）；寫出〈科學怪人〉的瑪莉・雪萊；確立介子理論的日本物理學家湯川秀樹等。

這些人的創意、構想都是在夢中得到的。另外，有發明大王之稱的愛迪生經常睡午覺也是眾所皆知的事實，他透過自身經驗發現，做夢對於創作十分有幫助。

愛迪生將做夢的睡眠稱為「天才的空白」，經常藉此尋求解決問題之道，相信他有不少發明都是在夢中得到靈感的。

## 讓做夢成為提升表現的助力

這些小故事講起來雖然有趣，但都只是過去的軼事，無法當成科學實驗數據看待。

不過，許多研究人員仍嘗試透過神經科學解釋快速動眼期的問題解決能力，並且已經有研究成果顯示，快速動眼期有助於創意發想。

近年來許多研究成果指出，快速動眼期會結合腦中的資訊，孕育出嶄新的構想。也就是串連起個別的資訊，產生抽象概念。因此，**需要發揮靈感或創意的人，或許可以藉由做夢幫助自己提升表現。**

不過，一覺醒來後通常很快就會忘記睡覺時做的夢，因此聽說有些小說家、藝術工作者會在床邊放筆記本或錄音設備，以免錯失自己做過的夢。或許你也可以嘗試看看，設法留住大腦發出的「訊息」。

**POINT**

- 做夢有「撫平內心傷痛」與「知識性地處理資訊，發展創意與問題解決能力」兩種作用。
- 夢境或許能提供之前不曾想到的新點子。
- 做夢能夠成為提升表現的助力。

# 第2章

打造發揮卓越表現的基礎！

# 最強運動法

## 運動可提升專注力、安定心神等，好處說不完

**推薦書籍**

**運動改造大腦：活化憂鬱腦、預防失智腦，IQ和EQ大進步的關鍵**

約翰・瑞提 &
艾瑞克・海格曼／著
謝維玲／譯
野人出版

約翰・瑞提……醫學博士。哈佛大學醫學院精神醫學副教授。亦在麻塞諸塞州劍橋自行開業。
艾瑞克・海格曼……科學編輯，《Popular Science》、《Outside》雜誌資深編輯。

### 運動有各式各樣的好處

每個人都知道，運動有益健康。但其實許多人並不了解，運動甚至會對聰明才智及性格產生影響。運動有許多好處，像是——

- 讓頭腦變好／提升專注力、記憶力
- 安定心神

・消除壓力／增加抗壓性
・提升幸福感／使人積極正向
・提升肌力／瘦身

實在可說是萬能的特效藥，本文則是要針對**使頭腦變好／提升專注力、記憶力**與**安定心神**兩項好處做說明。

## 不論短期或長期的專注力都會提升

為何運動會使頭腦變好？這是因為運動會促進腦部生成一種名為BDNF（Brain-derived neurotrophic factor：腦源性神經營養因子）的物質。ＢＤＮＦ是提供腦部養分的物質，只要運動就會在腦內生成，腦細胞也會增加或重生，腦部機能因此得到提升，使頭腦變聰明。

延續這一點，接著再來看運動與專注力的關係。

專注力得到提升有兩項優點，分別是①**從長期來看，專注力會上升**，②**短期專注力同樣也**

**會提升**。首先，①**從長期來看，專注力會上升**是指，有固定運動的習慣能提升基礎專注力，也就是所謂的「地頭力」（譯註：憑藉自己的頭腦處理資訊、解決問題的能力）會有所成長。當運動成為一種習慣，專注力就會上升；專注力上升就能幫助自己有效專注於工作、拉長專注的時間。運動之所以能帶來這些好處，是因為運動會增進腦部血液流動、製造ＢＤＮＦ，讓腦部的額葉得到鍛鍊。額葉關係到專注力、思考力、情緒及行為的控制，是十分重要的部位。

額葉與頭腦的聰明、對一件事持之以恆的能力有關。因此，**養成運動習慣鍛鍊額葉的話，有助於提升專注力及思考力、安定心神、培養毅力，進而增進表現**。

而關於②**短期專注力同樣也會上升**這一點，舉例來說，散步約十分鐘就能提升接下來一小時的專注力。最主要的原因是「促進血液流動」與「腦部會分泌多巴胺」。

運動會增加血液流動，改善血液循環。如此一來，氧氣可遍及全身每一個角落，而氧氣正是能量的來源。供應充足的氧氣給腦部可提升專注力。因此，透過運動增進血液流動，讓血液往腦部運送氧氣能使我們更加專注。

## 運動所產生的效果

### 長期效果

養成運動習慣能夠提升基礎專注力

### 短期效果

運動之後更容易發揮專注力

**藉由運動提供充足的氧氣給腦部，**
**專注力因而得到提升！**

另外，腦部製造出來的腦內物質——多巴胺也有助於提升專注力。多巴胺具有讓人產生幹勁、頭腦清晰、提升記憶力等效果。有數種方法可以使腦部分泌多巴胺，其中之一就是運動。運動會促進腦部分泌多巴胺，令專注力提升。因此，就像以上介紹的，運動帶來的增進血液流動、分泌多巴胺這兩項效果，可以短期恢復我們的專注力。

## 運動對心理層面的影響也會提升表現

接著來說明運動安定心神的效果。

運動會使自律神經良好運作，因此能安定心神。自律神經是負責呼吸、體溫調節、代謝等活動的神經，會二十四小時自動運作，不受自身意志影響。自律神經是由交感神經與副交感神經這兩個神經系統構成，交感神經是與身體活動相關的神經，副交感神經則是與身體休息相關的神經。我們常聽到的「自律神經失調」，就是指身體切換活動與休息的開關運作失常的狀態。

相信大家都知道「休息是為了走更長遠的路」，而能否好好休息，便取決於自律神經是否處於正常狀態。

**該休息的時候好好休息，才有辦法在工作時有出色表現。**

交感神經與副交感神經的切換出現問題是導致心理狀態不穩定、情緒起伏劇烈的原因之一。若是一直都只有交感神經在運作，會使人陷入總是緊張兮兮，或突然間無精打采之類的精神狀態，情緒起伏不定。

想要防止這種情況發生，就必須照顧好自律神經，確保工作與休息的開關能正常切換。而運動正是能有效調理自律神經的方法。想維持好表現的話，運動絕對是不可或缺的一環。

## POINT

- 運動可以帶來各種好處。
- 因運動而生成的腦內物質可提升短期與長期專注力。
- 運動能穩定身體切換工作與休息狀態的機能，讓人發揮好表現。

# 有氧運動與無氧運動併行會更有效

推薦書籍

**防彈成功法則：46個觀念改寫世界規則，由內而外升級身心狀態，讓你更迅捷、更聰明、更快樂**

戴夫・亞斯普雷／著
王婉卉／譯
木馬文化出版

戴夫・亞斯普雷……
矽谷科技創業家、生物駭客。Bulletproof 360創辦人兼CEO，矽谷健康研究所所長。

## 有氧運動與無氧運動兩者都該做

前面提到了運動有各式各樣的好處，但究竟該做哪種運動呢？答案是，**有氧運動與無氧運動都做**是最好的。這兩種運動各有不同好處。

有氧運動是指持續一定時間，帶給身體少量至中等負荷的運動，像是健走、慢跑、騎自行車、游泳等，叫作有氧運動是因為在進行時會攝取大量氧氣。

至於無氧運動則是指不太攝取氧氣的運動，像是重訓、短距離衝刺等時間較短、負荷較大的運動。

不論是有氧運動或無氧運動都會帶來許多好處，例如：

- 讓頭腦變好／提升專注力、記憶力
- 安定心神
- 消除壓力／增加抗壓性
- 提升幸福感／使人積極正向
- 提升肌力／瘦身

不過，有氧運動與無氧運動各有不同的「強項」。

**做有氧運動比較容易得到「分泌ＢＤＮＦ提供腦部營養、提升心肺功能、燃燒脂肪」等效果，而無氧運動則是「提升肌力」的效果較為明顯。**

雖然有氧運動也能增加肌力，做無氧運動也會分泌ＢＤＮＦ、提升心肺功能、燃燒脂肪，但效率沒那麼好。

因此，有氧運動與無氧運動都做是最好的。

## 不要抗拒肌肉痠痛

接著來談運動的量。理想的運動量是**「疲勞不會延續到隔天的程度」**。

關於理想的運動量這件事雖然眾說紛紜，每個人的狀況也不一樣，因此無法一概而論，但大多看法還是認為，疲勞不會延續到隔天的運動量是比較好的。

「疲勞不會延續到隔天的運動量」當然也因人而異。平時就習慣做高強度運動的人即使大量運動也不會有事，但如果沒有運動習慣的人突然做高強度運動的話，只會造成反效果，最好還是照著自己的步調來。講到「自己的步調」，其實**若想發揮最佳表現，第一件事就是必須認識自己、了解自己**。

話題再回到運動上。雖然疲勞不要延續到隔天比較好，**但不是太過嚴重的肌肉痠痛其實是好事**。做重訓的話更是如此。原因在於肌肉是透過「重訓↓肌肉痠痛↓營養補充」的循環成長的。

肌肉量關係到了健康、活力與外表的美觀，因此擁有適量肌肉的重要性不可忽視。

也許你覺得重訓後的肌肉痠痛很難受，但這代表「肌肉在成長」，反而應該覺得高興。

## 先從少量運動開始，能持之以恆最重要

運動最重要的，就是「持之以恆」。

前面也曾提到，運動有許多好處。想要持續享受這些好處的話，就必須養成運動的習慣，持之以恆。換句話說，**請將「持之以恆」當成最優先的目標**。

具體來說，做自己喜歡的運動、用自己不會感到吃力的步調進行等方法，相信都能收到效果。

一開始只要做「每天在附近的公園散步五分鐘」這類簡單的運動就很夠了。從類似這樣的簡單運動做起，應該比較容易體會到運動帶來的舒暢感，之後再自然而然、慢慢地增加強度。**總之，一開始先從簡單輕鬆的做起，把持之以恆當成最優先的目標就對了。**

順帶一提，我推薦的運動是散步或深蹲等會用到腿部肌肉的運動。原因在於大腿的肌肉是人體最大的肌肉，做會使用腿的運動更容易獲得運動帶來的所有好處。

做需要用到大腿的運動容易促進血液流動，血液循環若是變好，改善健康及消除壓力、轉換心情的效果會更為明顯。

另外，大腿的肌肉變大、改善血液流動也有助於提升腦部機能。這是因為血液會將氧氣送往全身的關係。

**腦部在獲得充足氧氣供給的狀態下，才能良好運作。**還有說法認為，頭腦的好壞與大腿的肌肉量有關。因此，將重訓的重點放在大腿對於提升表現也能起到相當程度的作用。

## 遵循「頭冷腳熱」的原則維持表現

我自己為了改善血液循環，每個小時一定會起身一次。即使只是稍微做一下伸展，也能改變頭腦的思路，建議大家試試看。

另外，每二至三小時我會去散步五至十分鐘。血液循環變好不僅有助於頭腦運作，也能讓人重新提振精神。

由於我經常在家工作，因此家裡放了踏步機幫助自己運動。

有了踏步機，即使不出門也能運動下半身，相當方便，尤其雨天時更是能派上用場。

另外一項重點是，我在工作時會注意下半身的保暖。下半身暖和了，血液循環以及頭腦的運作都會變好。

除了冬天，我在春天及秋天也會使用暖腳器。以前的人認為「頭冷腳熱」有益身體健康，我自身的經驗完全印證了這句話，腦部機能也更為提升。

踏步機和暖腳器可說是幫助我提升表現的兩項法寶。

POINT

- 有氧運動與無氧運動都要做，不要抗拒肌肉痠痛。
- 先從簡單輕鬆的運動做起也無妨，重要的是持之以恆。
- 工作需要久坐的人容易運動不足，可以用踏步機、暖腳器等物品改善血液循環，提升表現。

## 「肌肉使用過度」與「神經失調」是造成疲勞的主因

推薦書籍

**史丹佛式打造不會累的身體（暫譯）**

スタンフォード式疲れない体

山田知生／著
Sunmark出版

山田知生……史丹佛大學運動醫學部副主任、同校運動防護員。

### 疲勞是肌肉使用過度與神經失調造成的

容易疲倦的人通常很難提升日常表現。疲勞的原因主要有兩種，分別是**肌肉使用過度**與**神經失調**。據說現代人的疲勞問題以後者，也就是神經失調造成的疲勞居多。

例如，長時間坐辦公桌的工作或平時的慢性壓力等因素，都會造成神經失調。光講神經失調，你可能會覺得一頭霧水，其實**「不知道為什麼總覺得身體倦怠」這種感覺，就是一種神經失調的狀態**。神經失調真正的原因，在於中樞神經與末梢神經間的傳導有問題。中樞神經是指腦與脊髓，為通過身體中央的粗大神經，從中樞神經往身體各個角落延伸出去的神經則是末梢神經。

中樞神經與末梢神經間的訊息傳遞正常時，我們會覺得身體輕盈，可以自在活動。但當中樞神經與末梢神經間的訊息傳遞出問題時，就會感到身體沉重、倦怠，出現「不明所以的倦怠」，真正的原因便是這個。

想防止這種神經失調的狀況發生，讓身體不易疲倦的話，有兩個方法，分別是**「預防神經失調」**與**「讓神經恢復正常」**。

## 透過呼吸預防疲勞

最新研究提出了一種預防疲勞的方法，叫作ＩＡＰ呼吸法。ＩＡＰ是Intra Abdominal Pressure的縮寫，為「腹內壓」之意。腹內壓是指肚子裡的壓力，而ＩＡＰ呼吸法便是一種專注於腹部壓力的呼吸方式。

ＩＡＰ呼吸法的進行步驟如下：

1、以正確坐姿坐在椅子上。
2、使腹部鼓起，升高肚子裡的壓力。
3、維持2的狀態，吸氣五秒，然後吐氣五秒。
4、重複步驟1～3五次。

IAP呼吸法之所以能改善神經狀態，是因為這樣做可以導正身體的歪斜，也就是使身體處在極為穩定的狀態，沒有歪斜。在這種穩定的狀態下緩慢呼吸，能讓全身牢牢記住正確的姿勢。IAP呼吸法便是透過此原理消除身體的歪斜，預防神經失調。

## 用稍微帶來負擔的運動消除疲勞

接下來則要介紹消除疲勞的方法。這個方法就是**進行二十至三十分鐘左右的低強度有氧運動**。這樣做能夠讓神經恢復正常，消除疲勞。

前面提過，有氧運動就是健走或慢跑之類帶給身體低至中等程度的負擔，並持續一段時間的運動。有氧運動可促進血液流動，更容易將疲勞物質排出體外。透過活動身體消除疲勞的方式叫作**「動態恢復」**，而與動態恢復相反，讓身體休息不動，藉此消除疲勞的方式則叫**「靜態恢復」**。其實在日常生活中，動態恢復與靜態恢復都應該要做，**但許多現代人都有動態恢復不足，也就是運動不足的現象**。想要提升表現的話，每週應該進行一至兩次二十至三十分鐘的低強度有氧運動，希望大家都能努力做到。

動態恢復還有一項好處，就是提升睡眠品質。換句話說，有做動態恢復的話，靜態恢復的效果也會更好。因此動態恢復可說是有一舉數得的功效。

至於我自己主要從事的運動則是健走、重訓、踏步機這三種。包括日常移動在內，我每天會健走一到兩小時，平時便找機會讓自己多動。

POINT

- ■「莫名覺得倦怠」代表神經處於失調狀態。
- ■IAP呼吸法可以導正身體的歪斜，並預防神經失調。
- ■二十至三十分鐘的低強度有氧運動能消除疲勞，提升表現。

# 重訓有「恢復自信」、「提升幹勁」、「增進健康」等諸多好處

推薦書籍

**肌力訓練最強日本社長：人生99%問題都能靠肌肉和蛋白質解決**

泰史特龍／著
陳朕疆／譯
世茂出版

泰史特龍……學生時代曾胖至110公斤，後來在美國留學時接觸了重訓，成功減重近40公斤。目前在亞洲某大城市經營公司，並將在日本推廣重訓與正確的營養學知識當作一生志業。

## 重訓有數不清的好處

重訓其實有許多好處，而且對提升表現非常有幫助，例如：

- 培養體力
- 增進健康
- 消除壓力

- 增加自信
- 延緩老化
- 打造迷人身體曲線，讓自己更受歡迎
- 可結交志同道合的朋友

就「活動身體」這一點而言，重訓和之前提到的運動帶來的好處類似，但做重訓更容易得到右邊列出的這些好處。

特別值得注意的是**「增加自信」**、**「打造迷人身體曲線，讓自己更受歡迎」**、**「可結交志同道合的朋友」**這幾點。做適當的重訓可以增加肌肉，如此一來，身體線條會漸漸地愈來愈好看，並在這個過程中培養自信。也就是好處是從自己的內在產生的。

「身體出現變化→增加自信」之後，下一個階段就是「不分男女，變得更受歡迎」了。身材及長相變好會讓人更加肯定自我，帶來建立自信心的加乘效果。尤其，重訓的成果是肉眼可見的，而且還會伴隨著肌肉痠痛，因此更能讓人感受到自身的成長。或許就是這些原因促成了近年來的重訓風潮。

另外，認真投入重訓也有機會幫自己交到志同道合的朋友。這是因為在同一個地方從事相同行為（同步行為），容易讓人與人拉近彼此間的距離（感覺親近）。

由此可知，重訓還具有發展人際關係這項好處，**能夠有效解決各種問題。**

## 因重訓分泌的激素會讓身體感到愉悅

重訓還有一項已獲得科學證實的好處，就是能夠促進有益身心的激素分泌，這些激素分別是**睪酮**、**血清素**、**多巴胺**。

睪酮是男性荷爾蒙的一種，具有提升幹勁及競爭心、防止動脈硬化及代謝症候群等效果。睪酮雖然屬於男性荷爾蒙，不過女性的體內也會分泌（但分泌量較男性少）。

睪酮是一種能讓人活得更好的重要激素，但在二十歲到達高峰後，每年就會減少百分之一至二。而睪酮值的下降也會導致肥胖、酒精成癮、壓力過大。

改善、解決這些負面狀態的方法正是重訓。進行重訓能夠維持睪酮的量，預防肥胖、酒精

## 與重訓有關的三種激素

### ① 睪酮

- 強壯健康的身體
- 幹勁及競爭心
- 青春活力

### ② 血清素

- 頭腦清醒
- 心情舒暢
- 鎮痛

### ③ 多巴胺

- 愉悅
- 欣快感

**重訓會促進三種激素的分泌，**
**對身體及心理帶來正向影響！**

成癮、壓力，並維持強健的體魄及幹勁、競爭心。

換句話說，**養成重訓習慣能讓人充滿青春活力**。

與重訓有關的第二種激素是**血清素**。血清素別名「幸福激素」，具有讓腦部處於最佳清醒狀態的作用。血清素能帶來提升幸福感、感覺暢快、讓心情穩定、得到安心感等效果，另外也有助於減輕腰痛及關節痛，緩和慢性疼痛。

再來則是**多巴胺**。多巴胺會讓人感受到因成就感而產生的愉悅。許多人在運動後都會覺得有一種難以言喻的暢快及愉悅，這種愉悅正是來自於多巴胺。當腦內分泌多巴胺，會產生欣快感、情緒高昂、興奮等感覺，另外也會對專注力及記憶力帶來正面影響。換句話說，在工作與工作之間進行重訓應該也有助於重振心情，並提升專注力與記憶力。

## 每週做兩次十五分鐘左右的重訓可以維持表現

相信大家都已經了解，重訓可以促進三種有益身心的激素分泌。

睪酮能打造強健的身體，提升幹勁及競爭心，製造青春活力。

血清素能使頭腦清醒、心情舒暢，並消除疼痛。

多巴胺則會帶來愉悅及欣快感。

由此可知，重訓不是只有身體線條變得更迷人好看這種眼睛看得到的好處，也具有受到激素的分泌影響，由內在產生的好處。相信許多人可能都沒有意識到這一點。

最後則要介紹我自己做的重訓。基本上，我**每週會進行兩次十五分鐘左右的重訓**。方法則是所謂的「自重訓練」，藉由自己的體重進行重訓。我主要是做特殊方式的伏地挺身，以及前平舉、肩推等自重訓練，但在這裡就不多做說明了（有興趣的話可以在YouTube等搜尋）。

另外，為了增加負荷，我會使用伏地挺身器做伏地挺身。伏地挺身器是一種重訓器材，可以增加做伏地挺身時的負荷，胸肌的感受會相當明顯，我個人十分推薦。

重訓會帶給身體產生肉眼看得見的變化，讓人更有幹勁；而且還會促進好的激素分泌，有助於提升表現。

POINT

- 重訓有許多外在、內在的好處。
- 因重訓而分泌的睪酮、血清素、多巴胺能改善身心狀態。
- 每週做兩次十五分鐘左右的重訓，就能提升幹勁與表現。

# 第3章

學習正確知識，
不再事倍功半！

# 最強飲食法

# 有助提升表現的食物

推薦書籍

**讀遍200本健康相關書籍，並且親身驗證後才懂的飲食法最佳解答（暫譯）**

健康本200冊を読み倒し、自身で人体実験してわかった食事法の最適解

國府田淳／著
講談社出版

國府田淳……RIDE MEDIA & DESIGN股份有限公司負責人，並擔任Forbes JAPAN專欄作家、Cocolable董事等。擁有健康管理師證照。

## 想提升表現的話該吃這些食物

如果吃了對身體有害的食物，腦、心理、身體機能都會下降。

除此之外，還會產生肥胖、活力下降、沒有幹勁、罹患疾病的風險上升、老化、身體變差、幸福感下降等各種缺點。

反過來說，如果有做飲食方面的功課，並身體力行健康飲食的話，也可以獲得許多好處。

以下這些是有助於提表現的食物：

・**蔬菜**……說到有益身體的食材，首先就是蔬菜。如果是有機蔬菜的話更好，但非有機蔬菜也沒關係。蔬菜之中又以十字花科的蔬菜（花椰菜、白蘿蔔、高麗菜、小松菜、白菜、青江菜、水菜等）與黃綠色蔬菜（蘆筍、秋葵、羽衣甘藍、番茄、紅蘿蔔、彩椒、菠菜等）最有營養價值，有助於維持健康。尤其，**花椰菜**含有蛋白質、鐵質、鎂、維生素C、維生素A、葉酸、鈣質、食物纖維、多酚、蘿蔔硫素等，營養價值非常高，可說是「完美蔬菜」，更是應該多吃。其次則是小松菜、菠菜及酪梨（酪梨是金氏世界紀錄認定的「營養價值最高的果實」）。

・**魚**……最推薦吃的是**青皮魚**（鯖魚、沙丁魚、秋刀魚、鰤魚等）。青皮魚含有豐富的EPA（可讓血液流動順暢）、DHA（可活化腦部）、維生素D（提升免疫力、有助增強肌肉）等成分，這些魚每週最好吃三次以上。吃到這樣的頻率，就能明顯改善健康，但如果可以的話，一週吃五次以上會更好。

・**海鮮**……蝦、螃蟹、花枝、貝類等都有豐富的營養，應該多加攝取，但要注意自己是否對海鮮過敏。另外，甲殼類食物含有大量會導致痛風及高尿酸血症的「普林」，要避免攝取過量。

・**豆類**……建議多攝取納豆、豆腐等大豆製品，其中又以納豆最為推薦。發酵食品具有改善腸道環境的作用，可說是最強食品之一。有些人可能不喜歡納豆的氣味，不過現在也有無臭納豆，不妨嘗試看看。我自己每天也會吃一盒納豆。味噌同樣是能夠改善腸道環境的發酵食品，具有高度營養價值。

・**海藻類**……海藻類不僅營養價值高，還富含有益健康的食物纖維（水溶性）。據說只有日本人有能夠消化海藻的酵素，許多外國人都無法消化。因此海藻對日本人而言，可說是健康效果極高的優質食材。基本上我每天都會喝一碗味噌湯，裡面幾乎都是放海帶芽。

另外，菇類、堅果類、可可含量百分之七十以上的巧克力、油（魚油、橄欖油、亞麻仁油、紫蘇油）等也都是推薦的食物。

**最能夠保留上述這些食物所含養分的烹調方式，依序是生吃、清蒸、水煮、烤。**

**在吃的量方面，隨時提醒自己少吃一點（大約六分飽）的話，可以帶給人生正向變化。**過去也有這樣的說法，認為少吃→改善腸道環境→身體變好→擁有好氣色→人生也會好轉。

還有一點是，進食的時候要仔細咀嚼。**一口食物大約咬三十下可以活化腦部，食物也會消化得更好。**還有預防蛀牙、癌症、老化的效果，並能消除壓力、防止肥胖、有助毛髮發育。

## 應該敬而遠之，以免影響表現的食物

相反地，有些食物對身體不好，應該避免攝取。

首先是精製砂糖、糕點、果汁汽水、加工肉及加工食品（火腿、香腸、培根）、便利商店的餐點、超市的熟食、泡麵、冷凍食品、甜麵包等。這些食物都有許多添加物，最好少吃。

炸物的麵衣會用到麵粉，裡面所含的麩質會影響身體狀態；而精製碳水化合物（白米、麵包、麵類）則因醣類含量高，會造成血糖值急遽上升；另外像牛奶、酒（要喝的話喝少量葡萄酒或燒酎就好，不要喝氣泡酒）等也最好避免。

這些都是很容易取得，在便利商店或超市一不小心就會買回來的東西，但想要有好表現的話，還是少碰為妙。

## 以「平均六十分」為目標，吃適合自己的食物

我自己對飲食的態度，是**「吃適合自己的東西，平均有六十分就好」**。

什麼食物適合自己是因人而異的，而且每個人都有自己對於口味的喜好。希望你也能從前面介紹的食物中，找出適合自己的。

另外，一旦計較起飲食的話就會沒完沒了，如果因此造成壓力的話反而對健康不好。就整體來看，採取「有六十分就好」的隨緣態度應該是最好的。

不要把自己逼太緊，目標訂在六十分左右。偶爾盡情吃一下自己喜歡吃的東西也無妨，只

要記得隔天讓腸胃休息就好。

至於「偶爾」的頻率是一星期一天，或是一個月一天都可以，總之不妨讓自己放假一天，開心吃想吃的東西。

但**最重要的是，不論吃什麼都不要偏食。**

如果是對身體不好的東西自然另當別論，但就算是有益身體的食物，也不該有「只吃蔬菜」之類的偏食行為。

不要只吃同一種東西，提醒自己均衡攝取不同的食物，就可獲得身體所需的各種養分。相信如此一來，一定能讓你每天都有出色的表現。

**POINT**

- 學習正確飲食知識並加以實踐，就能得到許多好處。
- 不用追求完美，以「平均六十分」為目標才不會造成壓力。
- 用心在日常飲食上不僅能提升表現，還會帶給人生正向轉變。

## 保持良好腸道環境，身體的免疫系統就會正常運作，幫助你提升表現

推薦書籍

**亞當斯基飲食法（暫譯）**

La dieta Adamski:
Obiettivo pancia piatta:
come purificare l'intestino
mangiando di tutto

Frank Laporte Adamski／著
TEA出版

Frank Laporte Adamski……
世界知名的自然療法師，整骨療法師。

### 腸道狀況好，表現也會提升

體內的免疫系統可以防止我們生病，而主要的強力免疫系統則位在小腸與大腸。

但如果因為飲食不正常而弄髒了腸道，這個強力的免疫系統就會變弱。

骯髒的腸道會使得掌管免疫的大小腸及腸道菌作用受影響，無法吸收必要的營養，並引發各種疾病。

大小腸主要有兩項重要作用：

①吸收維持生命所必需的養分與水分。

②人體最大免疫系統，保護生命免受疾病威脅。

調理好腸道狀況，就能維持這兩項作用。

因此，想要預防、治療疾病的話，就要**清理消化道**以及**將消化道維持在乾淨的狀態**。

大小腸具有一億～兩億個神經細胞構成的網絡，與腸道菌攜手負責人體百分之八十的免疫系統。

另外，位於大小腸的腸神經系統有「第二大腦」之稱，近年來有許多相關研究提到了其重要性。

## 腸內的神經系統會影響心情

我們的腦與腸會相互進行交流，這是透過流經腸壁的血液以及從腦幹延伸至腹部的中樞神經進行的。

腸神經系統負責控制大小腸的各種活動，並掌管與消化相關的所有過程。另外也與免疫系統合作，抵擋從外界侵入的眾多有害病毒及細菌，保護身體。

而且腸內的神經系統還會生產各種腦內的激素及神經傳導物質。腸神經系統生成的激素之中，最重要的就是被稱為「幸福激素」的血清素。

血清素具有使人積極正向、提升腦部機能及幸福感等作用（詳情請參閱第四章的〈讓「幹勁激素」多巴胺成為你的助力〉）。假設因便祕導致發炎的話，破壞血清素的酵素便會活躍起來。換句話說，一旦腸道環境變差，血清素的生成就會減少。

**「幸福激素」血清素不足則會導致憂鬱症**。也就是不健康的消化道會引發不良情緒。

最後則要介紹能改善腸道環境的「超級食物」。攝取這些食物有助於調理腸道環境，讓你每天維持好表現。

- **能改善腸道環境的「超級食物」**……水果、番茄、大蒜、花椰菜、高麗菜、核桃、紅酒、黑巧克力、綠茶、薑黃、大豆。

這些都是含有豐富食物纖維、具抗氧化作用、成分有益健康的食物。
雖然不用每種都吃，但請提醒自己每天挑選其中幾種攝取。

**POINT**

- 免疫系統集中與小腸與大腸。
- 腸被稱為「第二大腦」，甚至會影響到精神層面。
- 攝取能夠改善腸道環境的超級食物有助於提升表現。

## 「一段時間不進食＝斷食」能讓身體重開機，提升表現

推薦書籍

**「空腹」才是最強的良藥**（暫譯）

「空腹」こそ最強のクスリ

青木厚／著
Ascom出版

青木厚……醫學博士。青木內科埼玉糖尿病診所院長。

### 吃太多會影響表現

腸胃及肝臟要花好幾個小時的時間，才能消化我們吃下的食物。因此，如果不斷將食物塞進肚子，超過了可處理的量，內臟就得不眠不休地持續運作，愈來愈疲勞。

如此一來將導致內臟機能變差，並產生無法良好吸收養分、老廢物質排不出體外、免疫力下降等不良影響。

而因為吃得太多所累積的多餘脂肪，尤其是內臟脂肪所分泌的有害激素會引發血糖值上

升、高血壓、血栓等更糟糕的狀況。

另外，有害激素還會造成慢性發炎，甚至有可能致癌。

想避免上述情況發生的話，有一件事是我們可以做的，那就是**「斷食」。藉由空腹、維持一段時間不進食讓內臟休息**。

進食之後經過約十小時，儲存在肝臟的糖便會消失。此時，人體會分解脂肪做為能量使用，若超過十六小時沒有進食，身體的「自噬」機制將會開始運作。

自噬是指「製造新的蛋白質取代細胞內的老舊蛋白質」，當細胞處於飢餓狀態或缺氧狀態，自噬機制便會活躍起來。

## 透過主動斷食提升表現

斷食有以下好處：

- 消除內臟的疲勞，提升內臟機能、增進免疫力。

- 降低血糖值，促進胰島素適度分泌、改善血管障礙。
- 分解脂肪，改善肥胖所引發的各種問題。
- 使細胞重生，改善身體狀態、減緩老化。

由於具有這些**「讓身體重開機」**的效果，因此斷食可說是**「治百病的妙藥」**。

許多人聽到「斷食」，可能會以為是要做某種艱苦的修行。但其實斷食很簡單，簡單來說，**只要「持續一定時間不進食」就行了**。

斷食有許多種方法，不妨依個人體質、喜好、生活步調等挑選適合自己的來實行。

舉例來說，**早點吃晚餐**就是一種方法。在晚上七～八點以前吃完晚餐的話，到隔天早上吃早餐為止，就等於進行了約十二小時的「間歇性斷食」。

我自己便是採用這種間歇性斷食。

基本上我會設法在晚上七點以前吃晚餐，如果隔天早上八點左右吃早餐的話，相當於十三小時的間歇性斷食。

另外還有不吃早餐或不吃晚餐、一週之中挑一天只吃一餐等，各種不同的斷食方式。你也可以多加嘗試，找出最適合自己的方法。

斷食的效果同樣是因人而異，每個人適合的方式也未必相同，還是建議持續嘗試、調整，判斷哪一種方法最能幫助你提升表現。

**POINT**

- 經常性地吃得太多，容易誘發各種疾病。
- 維持一定時間不進食能讓身體重開機，有助提升表現。
- 主動養成「一段時間不進食」、「間歇性斷食」的習慣。

## 交感神經（油門）與副交感神經（煞車）的交替運作是一切關鍵

推薦書籍

**自律神經超圖解：身體怪怪的，都是因為它？學會與最不受控的人體系統和平共處**

小林弘幸／著
許郁文／譯
PCuSER電腦人文化出版

小林弘幸……順天堂大學醫學院教授，日本體育協會認證運動醫師、自律神經研究的第一把交椅。

### 切換工作與休息的開關極為重要

自律神經是不受自身意志控制，會二十四小時自動運作的神經系統。呼吸、心臟跳動、血液循環、體溫調節、食物的消化與排泄、免疫等，都是由自律神經控制。

自律神經由交感神經（油門）與副交感神經（煞車）構成，也就是當交感神經居主導地位時，身體會處在運作模式；副交感神經負責主導時，身體則會進入休息模式。

例如，遇到「糟糕，這份文件的繳交期限要到了！得趕快完成才行！」之類的情況時，便會由交感神經主導運作；相反地，放假時悠閒地泡個澡好好放鬆一下這種休息的狀態，則是副交感神經居主導地位。

換句話說，可以想像成**我們的身體有一個「切換工作與休息的開關」**。開關愈是能正常切換的人，就愈能「在應該工作的時候專注，在應該休息的時候放鬆」。就長期來看，相信這種人的人生應該會過得更好。

許多現代人都有自律神經失調的問題，原因在於作息不正常與慢性壓力。因自律神經失調，使得工作與休息的開關切換不順，該工作時無法專注於工作，該休息時無法好好放鬆的人愈來愈多。

自律神經失調會導致心理與身體出問題。心理問題包括了不安、煩躁、幹勁或專注力下降、情緒不穩、失眠等，身體方面的問題則包括虛弱無力、頭痛、頭暈、眼肩腰等部位疲勞、便祕、手腳冰冷、倦怠感、疲勞感等。

反過來說，自律神經正常的話則代表健康狀態良好，身體、心理及頭腦的表現都會有所提升。另外，當自律神經運作順利，血液循環也會變好。如此一來，氧氣及養分就能送至全身每個角落，並順利回收老廢物質等體內的垃圾，使身體及頭腦健康，而且表現優異。

也就是創造「自律神經正常運作↓血液循環良好↓氧氣及養分送至全身，並回收老廢物質↓維持健康且表現優異的狀態」的良性循環。

## 調理自律神經的三個方法

調理自律神經的關鍵在於①**飲食**，②**運動**，③**心理照顧**。

首先，①**飲食**是指「有助維持良好腸道環境的飲食」。由於腸與自律神經關係密切，腸道環境好的話，自律神經就會正常運作；而自律神經若能維持正常，腸道環境也會變好。

食物纖維能幫助腸道環境維持良好狀態，因此多吃蔬菜、水果、菇類、海藻等食物，能夠改善腸道環境。

確認自己腸道環境的方法就是觀察放屁與排便。放出來的屁如果很臭，就代表腸道環境不佳。而理想的排便頻率為一天一次，若是兩到三天才排便一次，只要沒有殘便感的話就沒問題。理想的糞便形狀為香蕉狀，顏色則是黃色或咖啡色。

②**運動**是調理自律神經不可或缺的一環，即使是低強度的運動也沒關係。像伸展、散步、健走等讓身體活動、促進血液循環的運動都能讓自律神經維持在良好狀態。運動的最低標準是每天散步或健走二十分鐘。

另外，我也相當推薦做伸展運動。我有固定進行伸展的習慣，藉此調整身體狀態、消除壓力。每天晚上的例行公事就是洗好澡、吹乾頭髮後，做十至十五分鐘的伸展。這樣能放鬆身體，感覺十分舒暢，還可消除疲勞。

## 消除多餘壓力與不安，提升表現

調理自律神經的最後一個方法是③**心理照顧**。若一直感到壓力或不安，會使我們處在交感神經居主導地位，油門踩到底的戰鬥模式，身體及頭腦都無法休息，導致頭腦的表現下降或影響身體。因此，消除壓力及不安，維持內心平靜十分重要。

**消除壓力的方式有很多，本質其實都是放鬆**。不妨從充足的睡眠、運動、親近大自然、與人交流、歡笑、洗澡、冥想（正念）等方法中找出自己喜歡的，並養成習慣。

另外，還有一種能有效消除不安的方法，就是「付諸行動」。像是將自己的不安寫在紙上、向人訴說、散步活動身體等，透過讓自己動起來消除不安。

自己該做的事情除了一項一項完成之外，別無他法，只有行動才能改變現狀。讓自己慢慢動起來，同時想一想該怎麼做，然後再進行下一步，這就是與不安的和平共存之道。

消除了多餘的壓力與不安，表現自然會有所提升。

最後要介紹兩個能夠輕鬆調理自律神經的方法。這兩個方法分別是**「早上起床後喝一杯水」及「晚上泡個澡」**。

早上起床後喝水能讓腸胃動起來，並維持自律神經正常運作。另外，提供水分給缺水的身體，能幫助身體及頭腦醒過來。重點在於「漱過口之後喝一杯常溫的開水」。

由於起床時口中存在許多細菌，因此必須先漱口，漱完之後再喝一杯常溫的開水。剛起床時身體也才清醒不久，這時突然喝冰水的話會使身體來不及反應，形成壓力。

另外，晚上泡澡有許多好處。其中之一就是副交感神經能夠掌握主導地位，幫助我們消除疲勞。

我的建議是在三十九至四十度左右的水中泡澡十五分鐘。頭五分鐘將肩膀以下都泡進水中，之後的十分鐘泡上腹部以下的部位是最好的。這樣泡能有效地讓身體暖和起來，並改善血液循環，更容易消除疲勞。

每天記得做這兩件事調理自律神經，相信能幫助你拿出更好的表現。

## POINT

- 自律神經指的是不受自身意志控制，會二十四小時自動運作的神經，對於身體、心理、頭腦的表現有舉足輕重的影響。
- ①飲食，②運動，③心理照顧是維持自律神經良好運作的重要因素。
- 若將自律神經調理好，便能使身體不適、倦怠遠離自己，身、心、頭腦的表現也會有所提升。

認識人的本能，
將自身能力發揮到極致！

# 打造最強心理素質①
# 腦科學

## 讓「幹勁激素」多巴胺成為你的助力

推薦書籍

**BRAIN DRIVEN 何謂能提升表現的大腦狀態（暫譯）**

BRAIN DRIVEN パフォーマンスが高まる脳の状態とは

青砥瑞人／著
Discover 21出版

青砥瑞人……
Dancing Einstein創辦人兼CEO，日本應用神經科學的先驅。

### 認識讓人產生幹勁的「多巴胺」

當我們希望自己拿出幹勁、有所發揮時，必須藉助有「幹勁激素」之稱的腦內物質「多巴胺」幫忙。一個人的幹勁、活力、動力、專注力、記憶力、愉悅都與多巴胺有關。

若能善加利用，讓多巴胺幫助自己隨時充滿幹勁的話，相信一定能朝理想的自己、理想的人生更近一步。

想讓多巴胺成為助力，就要掌握以下三個重點設定目標：

**①具體列出達成目標帶來的好處。**

②細分目標。

③適度回顧檢討。

首先是**①具體列出達成目標帶來的好處**。例如「加薪」、「家人開心」、「受上司稱讚」等，無論是何種目標，只要達成之後的好處夠明確的話，腦內就會分泌多巴胺。換句話說，就會產生幹勁。

明確列出達成目標帶來的好處後，接下來要做的是**②細分目標**。

假設目標是「考上理想的大學」的話，就要從最終目標倒推回去，將目標細分成許多個小目標，像是「十二月的模擬考要考多少分、更之前的十月的模擬考要考多少分。如果要考到自己設定的分數，這週要做熟十頁題庫。今天就先做三頁」。

如果達成目標的路途太過遙遠，會難以分泌多巴胺，也就是不容易產生幹勁。此時可以設定大目標下的中目標、中目標下的小目標等，細分出許多個目標。

具體來說，**將以年為單位的目標往回倒推，細分出月、週、日的目標**。如此一來，就能夠逐漸累積微小的成就感。而且由於每達成一個目標時，身體就會分泌多巴胺，所以會源源不絕產生幹勁。

另外，在達成各階段目標時，要③**適度回顧檢討**。所謂的回顧檢討，是指確認目標的達成進度。

除了將目標劃分為月、週、日以外，也要就每一次的達成度進行回顧檢討。像是在一天的尾聲或週末回顧目標的達成率以及執行良好、執行不佳的地方。

一天二十四小時的時間同樣可以切割得更細，增加回顧檢討的次數。「工作五十分鐘，休息十分鐘」就是一個具體的方法。此時可以翻開筆記本，在頁面中間畫一條線，左邊寫下「九點至九點五十分」、「十點至十點五十分」等時間，每完成五十分鐘的工作時，就在右邊寫下這段時間內做了哪些事。

進行這樣的回顧檢討會讓身體分泌多巴胺，幫助你更輕鬆面對接下來的五十分鐘。

## 多巴胺帶來的影響與有效運用多巴胺的方法

**多巴胺**

**||**

**幹勁激素**

① 愉悅
② 預測回報與獲得回報
③ 強化學習

**善加運用多巴胺，讓幹勁源源不絕的方法**

1. 具體列出達成目標帶來的好處
2. 細分目標
3. 適度的回顧檢討

## 要提升表現就得先滿足「生存需求」

前面曾多次提到，**想維持好表現的話，必須妥善攝取養分、確保睡眠充足，讓身體維持在健康的狀態。**

若無法滿足「吃、睡、居住於安全的地方」這些腦部的低層次功能，也就是「生存需求」的話，「自我實現」之類的高層次功能就不會運作。

要滿足這些生存需求，就必須透過良好的飲食妥善攝取養分、睡眠充足、身心穩定健康。有了這些基礎，才發揮得出腦部的高層次功能。

之前提過好幾次的血清素，也就是「幸福激素」在這方面起了非常重要的作用。

曬太陽、做有節奏的運動（散步等）或是咀嚼都會促使身體分泌血清素。而血清素在傍晚以後，就會在體內轉變為「褪黑素」（別名「睡眠激素」），幫助我們提升睡眠品質。

要製造褪黑素，同樣需要早上起床曬太陽、飲食均衡、細嚼慢嚥，可以的話最好在白天或傍晚前運動等，建立良好的生活步調。

這些習慣能夠讓腦部的高層次機能運作、發揮激勵作用，成為自我實現的助力。

## 做自己想做的事才會有卓越表現

想要更進一步提升表現的話，則需要內心處在「安全狀態」。這種內心的安全狀態是指沒有過多危險、恐懼、不安、未知、曖昧模糊的狀態。

相反地，如果這些因素過多，內心便是處在「危機狀態」。

這時候負責腦部高層次功能的前額葉皮質運作會變差，連帶影響到頭腦的表現。

腦部一旦感受到壓力，前額葉皮質就會無法正常運作，因此必須製造安全感，避免內心進入危機狀態。

我們能做的，便是維持良好生活習慣——正常地睡眠、運動、飲食，適度紓解壓力，不要累積壓力。

另外也必須**明確列出價值觀、目的、目標，並在所有狀況下都設想最糟糕的可能。**

最後，我要引用自己閱讀《BRAIN DRIVEN 何謂能提升表現的大腦狀態》（暫譯）時最有共鳴的部分（以下摘自該書）。

「我認為，人要做自己想要有所貢獻、有興趣的事才會有好的表現。

憑藉著單純的熱情一頭栽進自己想了解、想嘗試的事，才是唯一的原動力。

這就叫作『多巴胺驅動』。我希望大家都能坦率面對自己想做的事。

因為，這樣能加速學習。」

現在的你，是否有將時間及心力用在自己最想做的事情上？

我相信，定期思考「自己現在最想做的事是什麼」，會讓人生更加充實。

## POINT

- 「幹勁激素」多巴胺關係到生存及愉悅，具有強大的動力驅使人前進。
- 如果要讓腦部的高層次功能運作，必須先滿足腦部的低層次機能（生存需求），關鍵就在於「幸福激素」血清素。
- 若能讓多巴胺等腦內物質成為自己的助力，表現會更出色，人生也會跟著好轉。

## 提升抗壓性的祕訣
## 是管理好生活再「行動」

推薦書籍

**零壓力終極大全：疫情時代必讀！精神科名醫親授，消除人生所有「煩惱、擔心、疲憊」的清單大全**

樺澤紫苑／著
賴郁婷／譯
春天出版

樺澤紫苑……精神科醫師、影評人、YouTuber。

### 做好工作與休息的區隔，就能消除壓力

人若是一直處在壓力過大的狀態下，就無法有好表現。消除壓力的祕訣在於**「做好工作與休息的區隔」**。工作的時候認真努力把工作做好，休息的時候則是徹底放鬆。

不過，其實壓力並非完全是壞事。**適度的壓力可以提升專注力及生產力，也會讓人生更充實**。因此，我們要做的是「面對壓力時做好工作與休息的區隔」。

白天在工作時，適度的壓力有助於提升工作的表現。但重點在於下班後要讓自己放鬆，消

除壓力。你在傍晚以後過的是怎樣的生活呢？

充足的睡眠、運動、接觸大自然、與人交流、歡笑、洗澡、冥想（正念）等，都是能夠有效消除壓力的方法，並且得到了科學的證實。

這些消除壓力的方法固然重要，但「讓自己更有抗壓性」也是該努力的方向。接下來要介紹的就是提升抗壓性的方法。

## 三種提升抗壓性的方法

**能提升抗壓性的方法有三個，分別是①好的生活習慣，②在早晨散步，③透過行動消除不安。**

①**好的生活習慣**是指正常睡眠、運動、飲食，再來則是少喝酒、不抽菸、消除壓力。遵守這六件事過健康的生活，維持良好身體狀態可以打造強健的心靈、身體以及高生產力的頭腦。

②**在早晨散步**非常有益健康，尤其在起床後一小時內散步十五至三十分鐘效果更佳。早晨

的陽光及散步這種有韻律的運動能夠促進血清素分泌。血清素具有使人積極正向、安定心神、提升幸福感、使思路清晰、頭腦更靈光等作用。

也就是說，早晨散步可以讓人一整天都有好心情，並且充滿幹勁。因此建議大家在起床後一小時內去散個步，幫生理時鐘上發條。

另外，③**透過行動消除不安**也能增加抗壓性。面對不安最正確的處理方式，就是「行動」。具體來說，找人訴說、寫在紙上、讓身體動起來等行動都能有效消除不安。

由於不安很容易形成壓力，因此只要知道如何正確面對內心的不安，就能夠提升抗壓性。

## 提升抗壓性的三個方法

① **好的生活習慣**

正常睡眠、
運動、飲食，
少喝酒、不抽菸、
消除壓力

② **在早晨散步**

起床後一小時內
散步15～30分
鐘

③ **透過行動消除不安**

找人訴說、寫在
紙上、讓身體動
起來等

**若是一直處在壓力過大的狀態下，**
**就無法有好表現！**

## 腦科學觀點的「三種幸福」

這個單元的推薦書籍是《零壓力終極大全》，裡面提到的「腦科學所定義的三種幸福」，我在讀過之後覺得獲益良多。

從腦科學的觀點來看，幸福包括了**「血清素式的幸福」**、**「催產素式的幸福」**、**「多巴胺式的幸福」**三種。

血清素、催產素、多巴胺都是我們感到幸福時，腦部會分泌的物質。

血清素也有「幸福激素」之稱，催產素別名「愛情激素」，多巴胺又被叫作「幹勁激素」，分別與不同種類的幸福有關。

重點在於**「先滿足血清素式的幸福，其次是催產素式的幸福，然後是多巴胺式的幸福」這個順序**。

這三種激素會在不同狀況下分泌，前面曾提到，在早晨散步、曬太陽、做有節奏性的運動、咀嚼、歡笑、冥想（正念）等，從事有益健康的活動時會分泌血清素。

血清素式的幸福狀態能夠減少不安、擔憂、煩躁，在各方面帶來好處。如此一來也能安定心神，更容易建立良好的人際關係。

與家人或另一半、朋友、動物進行肢體接觸、對話、情感交流，或是感受到他人的善意、對他人表達善意時則會分泌催產素。催產素式的幸福狀態具有提升腦機能、減輕壓力、修復身體、提升免疫力等好處，因此非常重要。

至於多巴胺則是會在賺到錢、獲得地位、有出色表現、設定目標、達成目標等狀況分泌。

這三種幸福有一項特徵，就是**血清素式的幸福與催產素式的幸福是穩定且持續的，但多巴胺帶來的幸福則會變得愈來愈不容易滿足**。

例如，一開始覺得「賺到一萬圓就很開心」，但我們很快就會習慣這種感覺，接下來變成「賺到三萬圓會很開心」，然後變成十萬圓、一百萬圓、一千萬圓……，希望得到「更多」。

換句話說，多巴胺式的幸福沒有盡頭，就像是「不論怎麼跑都到不了終點」。

但血清素與催產素式的幸福不一樣，這兩種幸福不會讓人感覺「我還要更多」。

這兩種幸福是有盡頭，會讓人感到滿足的，只要跑下去一定會抵達終點。而且，終點的距離並不遠。所以一般認為，血清素與催產素式的幸福較為穩定。

因此，血清素與催產素式的幸福優先，然後再追求多巴胺式的幸福較為理想。如果搞錯順序的話，後果十分嚴重，會無論如何都無法滿足，永遠得不到幸福。

第一個要追求的是血清素式的幸福。

**血清素式的幸福能讓人感到平靜及療癒，帶來開朗的心情及樂觀正向的態度。**

接下來追求催產素式的幸福。

**與他人的連結會使我們幸福**。另外，就像前面所提的，分泌催產素可帶來提升腦部機能、減輕壓力、修復身體、提升免疫力等好處。

最後則是追求多巴胺式的幸福。

以上是符合腦科學觀點，能使人幸福的正確順序。先得到血清素與催產素式幸福的人，身體與腦部更能發揮好表現，在工作或學業上取得出色成績。

「幸福有三種，必須依照正確的順序追求」這個原則非常重要，希望大家銘記在心。

## POINT

■ 壓力並非完全是壞事，若懂得如何面對壓力，能讓壓力成為強大的助力，提升生產力。

■ 消除壓力的祕訣是做好工作與休息的區隔。

■ 提升抗壓性的三個方法分別是「好的生活習慣」、「在早晨散步」、「透過行動消除不安」。

■ 幸福包括了「血清素式的幸福」、「催產素式的幸福」、「多巴胺式的幸福」三種，重點在於其優先順序。

## 逆齡＝痛苦與復原的循環。腦部機能可透過「小挑戰」的適度刺激獲得提升

**推薦書籍**

**不生病的生活真好：寫給你的健康長壽寶典**

鈴木祐／著
李瓊祺／譯
大田出版

鈴木祐……
經營部落格「Paleolithic Man」，科學論文宅男，讀心高手DaiGo最尊敬的日本男性。

### 痛苦與復原的反覆循環有助於維持青春

想要持續有好表現的話，必須有源源不絕的青春活力。我們其實可以**藉由「重複痛苦與復原的循環」維持青春**。

「痛苦」指的是運動、適度伸展、三溫暖及冷水浴的熱、冷，還有斷食等。「復原」則是指睡眠、營養、休養。重複痛苦與復原的循環之所以能逆齡、維持青春，是因為我們身體存在毒物興奮效應這種機制。

毒物興奮效應是一種沉睡在體內的復原能力會因為「疼痛」而覺醒的機制。（毒物興奮效應的英文為Hormesis，源自希臘語的「刺激」。）

也就是說，適量的刺激與痛苦對於身體有益，能夠提升身體機能。而啟動毒物興奮效應的開關則是前面舉出的各種「痛苦」。

「適度的痛苦其實有很大好處」這項知識非常有幫助。因為，只要有了這項知識，在遇到自己感到抗拒或辛苦的狀況，或覺得有壓力時，**就能告訴自己「這些痛苦也是有好處的」，用正面的態度接受。**

痛苦與復原兩者都必須適量，否則會「壓力過多」或是「刺激不足」，這樣就不好了。所謂適當的量是因人而異的，因此只能多加嘗試，找出最適合自己的一套方法。

重點在於觀察自己的身體狀態。嘗試透過刺激與休養進行復原，並觀察自己的身體與心情有何變化這一個環節十分重要。

但或許很多人即使知道要一面嘗試，一面留意身體的反應，還是會因為選項太多而不知該如何踏出第一步。

以下將介紹四個依不同目的規劃的行動藍圖，幫助你知道應該從哪裡開始嘗試。參考這些行動藍圖就能明白，怎麼做最能有效達成你的目的。

## 找出適合自己的刺激與復原

這四個行動藍圖分別是「**標準行動藍圖**（最基礎的一種）」、「**增強體力的行動藍圖**（容易疲倦、缺乏專注力的人或許應該先設法提升體力）」、「**改善外貌的行動藍圖**（外表重點部位的逆齡）」、「**改善大腦功能與心理健康的行動藍圖**（改善腦部認知功能及心理面）」。

以下就是每種行動藍圖所應執行的順序。

**標準行動藍圖**↓1、改善睡眠環境，2、增加活動量，3、護膚，4、檢討飲食內容，5、提升運動強度或斷食

**增強體力的行動藍圖**↓1、消除壓力，2、運動，3、改善飲食

**改善外貌的行動藍圖↓**1、運動，2、保濕與防曬，3、提升睡眠品質，4、提升運動強度，5、攝取多酚

**改善大腦功能與心理健康的行動藍圖↓**1、運動，2、暴露法（新的經驗或挑戰），3、提升睡眠品質，4、改善飲食

這裡要特別針對暴露法做說明。

暴露法指的是**持續嘗試會讓自己感覺到輕微壓力的正向行為**。「新的體驗」、「各式各樣的經驗」會活化腦部的前額葉皮質。像是運動、旅行、美術等，平日接收到的所有訊息都會給予腦部刺激、使腦部成長。

培養運動習慣、減肥、維持良好生活習慣、學習新事物、從事副業等，挑戰自己覺得重要的目標、會感受到輕微壓力的正向行為時，隨之而來的壓力會給予我們的腦部適度刺激，引發毒物興奮效應。

**即使不是巨大的挑戰，微小的挑戰也一樣有效。**像是刻意使用非慣用手、走和平時不一樣的路、一整天都不用手機等。

## 持續進行微小的挑戰能提升表現

**不論是大事或小事，嘗試新的事物都是有價值的。**從事新的挑戰、承擔風險時，不妨參考「風險量表」做評估。史丹佛大學工學院等許多地方都會使用「風險量表」，當成一種改善人生的技巧。

風險量表將風險分為五種，當你在思考「我是否有辦法承擔風險進行挑戰？」時能夠提供指引。

這五種風險分別是：

①**身體風險**（用身體進行的挑戰，如新的運動、樂器、體驗、技能提升等。）

②**知識風險**（知識方面的挑戰，如學習新東西、交換創意等。）

**③財務風險**（財務方面的挑戰，如自我投資、對經驗的投資、金融投資、送禮物給重要的人等。）

**④社交風險**（社交方面的挑戰，如建立新的人際關係、重新連繫許久沒聯絡的朋友等。）

**⑤情緒風險**（情緒方面的挑戰，如克服不安或恐懼的經驗、面對人群演說、向他人坦白自己的祕密、報考證照等。）

透過這個風險量表，可以明確得知自己目前承擔了哪些風險。將風險平均分散，能讓你有更好的表現。

## POINT

- 毒物興奮效應指的是藉由「疼痛」讓沉睡在體內的復原能力覺醒。「重複痛苦與復原的循環」可幫助我們逆齡，提升腦部與身體機能。
- 復原方法有三種，分別是睡眠、營養、休養，訣竅在於能夠掌控復原。
- 平均分散五種風險可以提升表現。

# 鍛鍊前額葉皮質能有效培養理性思考

推薦書籍

**為何我們會無法寬恕他人？（暫譯）**

人は、なぜ他人を許せないのか

中野信子／著
Ascom出版

中野信子……腦科學家。

## 「正義中毒」會影響表現

不肯接受別人的想法或意見，會使得前額葉皮質運作變差。舉例來說，如果太講求「正義」，甚至演變成「正義中毒」，無法寬恕他人的話便會如此。

腦部的前額葉皮質是掌管分析性思考及客觀思考的部位，**前額葉皮質發達的人較能夠根據長期的得失，而非眼前利益做出選擇**，因此通常社會地位及經濟地位較高。

所以確保前額葉皮質能夠良好運作，也可說是成功的必要條件之一。

簡單來說，無法寬恕他人或容易陷入正義中毒，等於是「無法接受多元的價值觀」。能夠接受多元價值觀的人會理解，世界上存在不同想法的人。若能接受各種不同的價值觀，有助於提升社會地位。

若因正義中毒造成想法及心胸狹窄，無法接受多元價值觀、做出理性思考，會影響表現，所以必須設法避免自己成為正義中毒的人。

若不希望自己正義中毒，就要鍛鍊前額葉皮質，防止其退化。鍛鍊前額葉皮質有助於接受多元價值觀，做出理性思考。

前額葉皮質的發育相對較慢，大約七至九歲才開始發育，會一直成長至三十歲左右。但是**前額葉皮質在三十歲前後開始就會逐漸退化，二十多歲的人應該盡量鍛鍊前額葉皮質，到了三十歲以後，則必須設法維持前額葉皮質的青春**。

若因為前額葉皮質隨著年齡增長而退化，變得個性固執、失去寬容，會讓自己成為不受歡迎的人，因此要趁早開始鍛鍊前額葉皮質。

## 鍛鍊前額葉皮質，擺脫正義中毒

以下將簡單介紹三個方法，幫助你鍛鍊前額葉皮質，成為心胸寬大、能夠接受多元價值觀、理性且明智的人。

第一個方法是**多累積新經驗**。這部分請參考第四章的〈提升抗壓性的祕訣是管理好生活再「行動」〉。

第二個方法是**從容過生活**。要讓前額葉皮質運作，生活必須從容有餘裕。睡眠不足或是因工作、人際關係等問題而喘不過氣的話，頭腦的表現會變差。因此要設法保留休息時間過游刃有餘的生活，並且不要累積一大堆待辦事項。

鍛鍊前額葉皮質的第三個方法，是**良好的飲食與睡眠**。飲食方面可以參考第三章的〈有助提升表現的食物〉，關於睡眠則可以參考第一章的〈理想的睡眠時間因人而異。七個提升睡眠品質的方法可幫助你擁有舒適好眠〉。

另外，要當一個理性的人，才有辦法寬恕他人。**懂得理性思考的人，通常不會覺得不寬恕**

**他人會為自己帶來什麼重要價值。**

例如，明星外遇其實根本與我們自身無關；就算去勸阻別人不要隨手亂丟垃圾，這種人以後還是會繼續亂丟，進行勸阻只是浪費時間和力氣而已。理性的人會認為「想藉由干涉一個人所做的事去改變其想法，幾乎是不可能的」。

換句話說，**不寬恕他人其實得不到什麼好處**。不僅如此，正義中毒的人甚至可能會質疑自己為何心胸如此狹窄、無法寬恕他人，演變成自我厭惡。

因此就這一層意義而言，鍛鍊前額葉皮質確實非常重要。

## 隨時提防「正義中毒」上身

其實我們之所以容易陷入「正義中毒」是有原因的，因為給予他人正義的制裁會讓我們感到愉悅。若對這種愉悅已經成癮，就可稱為「正義中毒」。

給予他人正義的制裁會帶來快感是因為我們人類是「社會性動物」。

人類的歷史經過了數百萬年的狩獵採集時代，直到一萬年前才開始農耕。

後來在距今約兩百五十年前發生了工業革命，然後發展到現在，但其實狩獵採集時代佔了人類歷史的百分之九十九以上。這數百年來，社會因為科技急遽進步而產生劇變，但生物卻只有些微的進化。

也就是說，**社會已經有了不可同日而語的進步，但我們的身體及頭腦卻與數萬年前沒什麼差別。**

人類是一種藉由形成社群以求興盛、繁衍的社會性動物。對於人而言，建立團體是生存的重要手段。現在雖然已經是獨自一人也能活下去的時代，但在長達數百萬年的狩獵採集時代，必須靠團體合作才能生存。

在這樣的時代，背叛團體或不遵守規則、僅以自身利益為優先的人，等於是令團體暴露於危險之中。

人類因此發展出排除背叛者的機制，這種機制就是「透過給予他人正義的制裁獲得愉悅」。**排除背叛者或不遵守規則的人是我們的本能。**因這種排除行為而或多或少得到愉悅，並沉迷於這種愉悅之中，無法寬恕他人到了偏激的狀態便是正義中毒。

正義中毒會令一個人的思想及心胸變狹窄，最終影響到表現。

因此，記住「容易正義中毒是人類的特性」這件事，採取任何行動時都要確認「自己現在是否處於正義中毒的狀態」是重要的原則。

POINT

- 人類會因為給予他人正義的制裁而感到愉悅，因此容易陷入「正義中毒」。
- 正義中毒的人無法維持良好表現。
- 透過鍛鍊前額葉皮質讓自己能夠接受多元價值觀、培養理性思考，有助於提升表現。

## 冥想具有消除腦部疲勞、提升腦部機能等效果

推薦書籍

**最高休息法──經耶魯大學精神醫療研究實證：腦科學×正念，全世界的菁英們都是這樣讓大腦休息**

久賀谷亮／著
陳亦苓／譯
悅知文化出版

久賀谷亮……醫師（擁有美、日醫師執照）、醫學博士、美國神經精神醫學學會認證醫師、美國精神醫學學會會員、長灘心理診所專任醫師、Harbor-UCLA兼任醫師等。

### 冥想能夠提升表現

冥想具有能夠改變人生的潛能，建議大家務必嘗試看看。

冥想的好處包括了「讓腦部不易疲倦」、「頭腦變好」、「提升意志力」、「提升專注力、記憶力」、「安定心神」、「培養抗壓性」、「提升免疫力」、「提升幸福度」、「使人積極正向」、「維持自律神經良好運作」、「提升感同身受、溝通的能力」、「瘦身」等，可說是五花八門。

冥想之所以有如此多好處，是因為能夠鍛鍊前額葉皮質。

近年來的研究明確指出了冥想的效果，因此Google、蘋果等全球知名企業也紛紛引進冥想。

此外，史蒂夫・賈伯斯、比爾・蓋茲、鈴木一朗等眾多來自各界的成功人士都有進行冥想的習慣，冥想因而深受矚目。

## 簡易冥想入門

冥想有幾種不同的方式，這裡要介紹的是最正統的**呼吸冥想**。所謂的呼吸冥想，是指將意識集中於自身呼吸的一種冥想方式。

1、挺直背部坐在椅子上，或是盤腿坐。
2、閉上眼睛，意識專注於自己的呼吸。
3、以意識感受空氣通過鼻子的流動，冰涼的空氣經過鼻子進入肺部的同時，使腹部鼓起。
4、慢慢呼氣，鼻子呼出溫暖空氣的同時，腹部回到原本的位置。

進行呼吸冥想的方式，便是像這樣時時刻刻將注意力放在自己的呼吸上，專注感受每一次呼吸。

## 先從每天五分鐘練起，鍛鍊腦部

進行冥想的重點有三個。

首先是時間，**就算一天只進行五分鐘冥想**，還是能獲得前面提到的各種好處。理想的時間其實是十五至三十分鐘左右，但一開始可能很難做到，因此在習慣以前先從一天五分鐘練起就行了。一天只冥想五分鐘也沒關係，但請持之以恆每天練習，這樣腦部才能得到鍛鍊。

第二個重點是**放慢呼吸**，用一分鐘呼吸四至六次左右的緩慢步調進行呼吸冥想。

放慢呼吸可以讓副交感神經掌握主導地位，就像第三章的〈交感神經（油門）與副交感神經（煞車）的交替運作是一切關鍵〉中說明的，副交感神經居主導地位時，身體會進入放鬆模式。

如此一來，就能獲得安定心神、放鬆效果、自律神經維持良好運作等好處。

## 簡易冥想入門

① 挺直背部坐在椅子上，或是盤腿坐

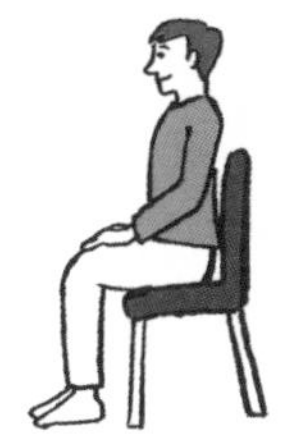

② 閉上眼睛，意識專注於自己的呼吸

③ 專心感受於空氣的流動

④ 慢慢吐氣，專注感受每一次呼吸

### 冥想的重點

- 每天持續進行，只做五分鐘也無妨
- 放慢呼吸步調
- 重複「分心➡意識重新專注於呼吸」的過程

最後的第三個重點是最重要的，那就是**分心了也無妨**。前面提到，呼吸冥想就是「意識專注於自己的呼吸」。

但只要實際嘗試過就會知道，不管怎麼樣就是會分心，腦中浮現各種雜念，像是「今天晚餐要吃什麼」、「咦，今天是星期幾？」之類毫不相干的念頭。

這時候最重要的是分心之後再讓意識重新專注於呼吸。

「分心→意識重新專注於呼吸→分心→意識重新專注於呼吸」

重複這個過程，腦部就會得到鍛鍊。

由於流往前額葉皮質的血液增加了，因此能改善前額葉皮質的運作，提升表現。

其實，**這就和重訓的道理一樣，愈常使用的話愈有鍛鍊的效果。**

而且前額葉皮質是掌管專注力、意志力、自我控制能力的部位，所以鍛鍊這裡還能獲得開頭所提到的各種好處。

## POINT

■ 進行冥想可得到許多好處。

■ 呼吸冥想的方法是意識專注於呼吸。

■ 先從一天冥想五分鐘開始嘗試也無妨，重點在於每天持續做，養成習慣。熟悉之後再逐漸拉長到十至十五分鐘。

■ 冥想時放慢呼吸步調，這樣能讓副交感神經居主導地位。

■ 重複「分心→意識重新專注於呼吸」的過程，可增加流往前額葉皮質的血液，提升腦部機能。

# 習慣的重要性與「養成好習慣的方法」

推薦書籍

**最強習慣養成：3個月×71個新觀點，打造更好的自己**

吉井雅之／著
張智淵／譯
星出版

吉井雅之……習慣養成顧問。

## 養成好習慣幫助自己提升表現

建立好的習慣會逐漸帶來好的成果，並改善我們的表現。

培養習慣最重要的兩件事是「**意念**」與「**重複**」。意念的強度與重複一項行為的次數能幫助你建立習慣。

也就是「**習慣化＝意念×重複**」。

意念的強度指的是動機的強度。「想成為理想的自己」這個念頭若是愈強烈，就會愈容易養成習慣。

另外一個重點是重複從事希望化為習慣的行為。

腦部有一種叫作恆定性的功能，目的是維持我們自身的穩定。由於這種性質的關係，腦部不喜歡變化而偏好安穩。

因此，將不斷重複的行為視作「理所當然的行為」（恆定性），能讓我們輕易地維持這項行為下去，或該說停不下來。

**一項行為一旦成了習慣，自己就會將其視為理所當然。**

如果是好的習慣，可以逐漸帶來好的成果。相反地，如果是壞習慣的話，則會慢慢產生惡果。

畢竟，「現在的自己＝過去各種習慣的累積」。

培養好的習慣、改善習慣正是提升成果的最強方法。

## 訂定明確的目標

想要養成某項好習慣，就必須明確知道「自己為何想要將讓項行為變成習慣」。因此，要更進一步探究「習慣化＝意念×重複」中的「意念」這個部分。

釐清自己是為了什麼目的而想建立這項習慣，能夠增強意念。

像是「人生只有一次，我想要增加不同的經驗！」、「我想變有錢！」、「我想和那個女生交往！」、「我想成為幹練的人」等，我相信你對於理想的人生及自己想成為什麼樣的人，一定有不少想法。

接下來從理想的人生及想成為的人等目標倒推，決定該培養何種行為成為習慣。從自身目標倒推，建立最佳的日常習慣是實現夢想的最強方法。

任何事情的道理都一樣，將動機化作具體的言語，能讓人更加堅定地去實行。**「化作具體的言語」**這一點十分重要。另外，在動機這方面，若具有**「為了自己＋為了某人」**之類的目標意識，相信會更容易產生動力。

例如，

「要為了心愛的家人維持健康。」→**「所以要努力運動、注意飲食。」**

「自己的表現如果變好，公司同事也會開心。」→**「所以要培養提升睡眠品質的習慣，改善日常表現。」**

除了以上「為了自己」的動機之外，抱持著「要為了某人而做」的意念會更能維持動力。我們是社會性動物，沒有辦法獨自一人生存，與他人產生連結時會感到幸福，表現也會變好。因此我強烈建議，在試圖培養良好習慣時，心中不妨想著某個人的臉龐。

**時間、地點、身邊的人都是重要關鍵**

養成好習慣固然需要動機和意志力，但這兩項因素都會有高低起伏，因此最好不要太過依賴。

更重要的因素其實是**「環境」**。只要置身於容易維持好習慣的環境，即使不依靠內在動力也能持續行動。

環境因素大致有兩種，一種是**「時間及地點」**，另一種則是**「身邊的人」**。如果能固定**時間及地點**的話，對於建立習慣會更有幫助，原因同樣在於腦部的恆定性機制。反覆地「在固定時間、固定地點做同一件事」，會讓腦部喜歡這樣的行為，想要持續下去而不希望改變。

因此，一開始不妨先從在固定的時間、地點，甚至以相同穿著、方法做起，接下來在有了「或許這樣做比較有效率」、「感覺快要膩了，要不要換個方法呢」等想法時逐漸加入變化，從頭腦機制的觀點來看，用這樣的方式建立良好習慣是最合理的。

另一項環境因素是**身邊的人**。比起自己一個人嘗試，有其他同伴一起努力更容易養成習慣。

例如，和有相同目標的夥伴一同奮鬥、和搭檔一同挑戰建立習慣、結交跑友或一起重訓的朋友等，找到同伴會讓習慣的養成更有效率。

就像前面提過的，我們是社會性動物，有了夥伴的合作、競爭會更容易有好表現。

**據說一個人每天從事的行為之中，約有百分之七十是在重複平常做的事情及習慣。**心理學家威廉・詹姆士甚至因此說過：「人不過是習慣的總和。」

習慣可說是直接關係到一個人自身，以及其人生最重要的部分。

因此，希望大家都能善加運用本單元介紹的知識，從理想的自我形象倒推，找出最能幫助自己的習慣，為進一步提升表現而努力。

## POINT

- 釐清自己想要建立某項習慣的明確原因。
- 訂定「想過這樣的人生」、「想成為這樣的人」之類的明確目標，「意念」就會變強。
- 抱持「為了某人而做」的目標意識，會更容易維持動力。
- 時間及地點、身邊的人等「環境」因素較意志力、動機更為重要。

# 腦部容易受成見影響，不好的習慣要設法改掉

推薦書籍

**圖解 影響大腦的7個壞習慣（暫譯）**

図解　脳に悪い7つの習慣

林成之／著
幻冬舍出版

林成之……日本大學綜合科學研究科教授。

**滿足「生存」、「求知」、「尋求同伴」三項本能**

培養有益腦部的習慣可以提升表現，反過來說，改掉「壞習慣」也有相同的效果。以下七項習慣是對腦部有害的：

1、常因覺得「沒興趣」而逃避事情。

2、抱怨「討厭」、「很累」。

3、別人說什麼就老實照做。

4、總是在想效率。

5、不想做的事也會勉強自己去做。

6、對於運動或藝術等沒興趣。

7、很少稱讚他人。

這七點之所以對腦部有害，與①**腦部的三項本能**，②**腦部的機制**，③**重新建構**有關，接下來會依序講解。首先，①**腦部的三項本能**指的是**「生存」、「求知」、「尋求同伴」**。生物的目的非常單純，就是「種族的延續與繁榮」。換句話說，人類的腦部如此發達，是為了達成「生存」這個目的。因此，腦的目的當然也是「生存」。而人類為了活下去，必須「學習各種知識」以及「與其他個體成為同伴」，所以腦部的三項本能便是「生存」、「求知」、「尋求同伴」。**順從這三種本能使腦部愉悅，可以提升腦部的表現**。要滿足「生存」這項慾望、本能，首先必須做到食、衣、住不虞匱乏。要滿足「求知」，則得對任何事都抱持好奇心，試

## 腦部的三項本能

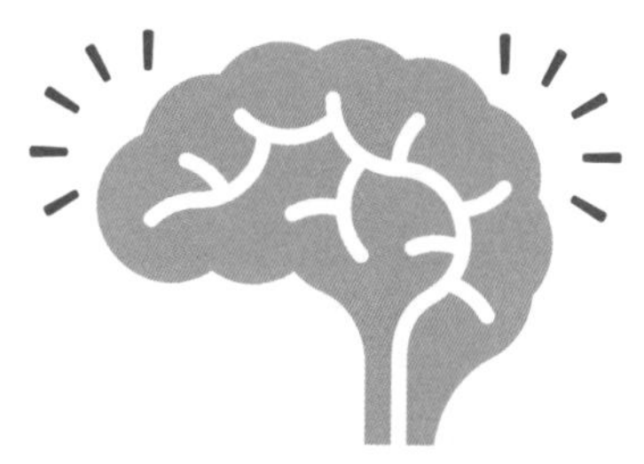

**順從這三種本能，**
**讓腦部感到愉悅，**
**能讓腦部有更好的表現！**

圖了解。至於「尋求同伴」則是要靠建立人際關係來滿足。順從腦部的三項本能做這些事情，腦部便會愉悅，使我們工作更有效率、表現更好。

## 「喜歡」、「有幫助」會打開腦部的開關

我認為，聰明的人指的是對任何事都抱持興趣、積極投入的人。因此接下來要更深入探討腦部三種本能之中的「求知」，並說明②**腦部的機制**。

腦部會積極攫取我們覺得「喜歡」、認為「有幫助」的事物，發揮理解力及記憶力，而且樂此不疲。

如果要更完整說明這種機制的話，會牽涉到「由於大腦皮質神經細胞所認知的資訊抵達A10神經……」這種艱深的內容，因此這邊就先省略。簡單來說，覺得「喜歡」或是「有幫助」的情緒會開啟「求知」的開關。

也就是**喜歡某項事物或覺得某項事物有幫助會打開右腦的「求知」開關，提升理解力及記憶力，而且孜孜不倦，不斷吸收資訊。**

日本以前有句話說「喜歡的東西會愈玩愈精」，從腦部的機制來看，這句話一點也沒錯。

## 藉由重新建構提升頭腦表現

③**重新建構**是指用不同的框架重新看待事物。假設主管指派了一項麻煩的工作給你，這時候不去想「麻煩死了」、「真不想做」，而是從「雖然麻煩，但這個工作能讓我有所成長」、「如果完成了，上司一定會感謝我吧」之類的不同層面重新看待這件事，便是重新建構。

將「重新建構」運用在生活中，有助於改善頭腦運作。也就是找出一件事的好處或是對自己有幫助的地方，設法讓自己喜歡上這件事。透過重新建構帶給腦部愉悅，便能藉此提升表現。我在前面說過，聰明的人對任何事都抱持興趣，並積極投入。我想這或許是因為聰明的人都很懂得重新建構，而且重新建構已經成為習慣了。

開頭提到的「七個對腦部有害的習慣」，也可以重新建構為「七個對腦部有益的習慣」。

1、常因覺得「沒興趣」而逃避事情。↓**對每件事都抱持興趣參與。**

2、抱怨「討厭」、「很累」。→**使用「喜歡」、「我還可以」等積極正向的話語。**

3、別人說什麼就老實照做。→**掌握自主性，自己主動出擊。**

4、總是在想效率。→**從乍看之下沒用的事情中發現價值。**

5、不想做的事也會勉強自己去做。→**掌握主體性，以自身意志積極參與。**

6、對於運動或藝術等沒興趣。→**對各種事物抱持興趣。**

7、很少稱讚他人。→**多稱讚別人。**

希望你也能多運用重新建構的技巧，提升頭腦的表現。

**POINT**

■ 腦部有「生存」、「求知」、「尋求同伴」三項本能。
■ 順從這三種本能令腦部感覺愉悅，能夠提升頭腦表現。
■ 「喜歡」、「有幫助」是打開「求知」本能的開關，要懂得藉由重新建構找出一件事情讓自己覺得喜歡或有幫助的地方。

# 建立「男女的頭腦常呈現出不同特性」的認知

**推薦書籍**

**為什麼男人不聽，女人不看地圖？**

亞倫・皮斯＆
芭芭拉・皮斯／著
羅玲妃／譯
平安文化出版

亞倫・皮斯……皇家藝術學會會員，肢體語言的國際權威。
芭芭拉・皮斯……皮斯國際訓練中心CEO，除參與製作各種影片，也以世界各地企業及政府為對象舉辦訓練講座、研討會。

## 男女負責的工作及擅長的事項與人類歷史有關

理解男女在思考和行為上有所不同，以及試著判斷自己屬於哪一類型有助於提升表現。

男性與女性的頭腦特性是不一樣的。

**男性的頭腦以空間認知能力及理論性思考見長，通常會想要達成目標或獲得地位、權力。**

相對地，**女性的頭腦則是語言能力及感受力較為出色，重視人際關係、溝通及愛。**

這裡要注意的是，以上敘述**都只是平均值**。也就是「以整體的平均來看，可以這樣說」，男女的腦部差異僅是表現在某些大方向上。

但為何男女的腦部會有這種差異呢？這與我們人類的歷史有關。

前面的「鍛鍊前額葉皮質能有效培養理性思考」曾提到，狩獵採集時代佔了人類歷史百分之九十九以上的時間（約兩百五十萬年）。

在這段期間，男女各自朝著符合其角色分工的方向進化。

也就是男性負責狩獵、捕捉獵物，女性則是採集果實、育兒，分別負責不同工作。

這樣的生活型態持續了非常久的時間，男女為更加適應自身負責的工作，身體及頭腦也在漫長的歲月中朝不同方向一步步進化。

## 將「男女有別」的知識運用於生活

由於男性負責狩獵，因此肌肉發達、體格強壯，外出狩獵時所需的空間認知能力也隨之提升。

所謂的空間認知能力，是指迅速且正確掌握、識別物體的位置、方向、距離、間隔等資訊的能力。

另外，男性的工作就是要帶著獵物歸來，所以更加講求成果，畢竟帶回來的獵物多寡關係到自身評價。

而女性負責的工作則是採集果實、育兒，因此經過進化後，女性的手比較巧、溝通能力較佳，並能透過表情察知他人的情緒。

了解這些男女之間的差異，相信能幫助你減輕日常的壓力，或是更容易解決問題。

當然，現代社會應該要更加尊重性別的多元性，隨著「LGBTQ+」這個表示性少數群體的名詞愈來愈常見，我們也不該繼續只以單純的「男性／女性」看待性別，而要從各種不同角度加以分析、思考。

另外也要認知到，先入為主的想法其實很危險，**並在生活中運用「男女的頭腦機能有所不同」這項知識**幫助自己避免不必要的麻煩，同時創造讓男性、女性都更感自在的環境。

## 理解「男女的差異並非絕對」再行動

我認為，在思考男女差異時，

①要先理解男女在思考及行動上的不同（但這種不同只是大方向，不可因此產生成見）。

②試著判斷自己屬於哪種類型。

這兩點十分重要。

首先關於①，若知道男女在想法、擅長或不擅長的領域、好惡等方面常存在差異的話，在許多狀況都能派上用場。

例如，男性有時可能會埋怨妻子或女友「為什麼講話都要講得這麼長篇大論？」、「妳到底想說什麼？先講結論好嗎？」

但如果知道彼此的不同，這種時候就會理解「其實這就是男女之間的差異。對女性而言，同理心及溝通才是重點，說話的內容並沒有那麼重要」。

相反地，女性有時也可能覺得「為什麼男人都這麼遲鈍？為什麼都沒有發現我已經很累了？」。

這時候若是知道「這也難怪，畢竟男女的頭腦運作不一樣，男人不擅長從表情或氣氛察覺別人的情緒，必須明確說出來告訴他才行」，相信就容易解決多了。

除了先理解男女在思考及行動上的不同（但不可因此產生成見）以外，同時還必須②試著判斷自己屬於哪種類型。

例如，一般而言男性較擅長理論性思考，溝通能力不如女性，但也要思考，這種普遍的傾向是否也適用於自己？

若自己的確符合，那麼從事需要運用理論性思考，而非溝通能力的工作會比較容易有出色的表現、發展順利。

將學習到的知識與自身狀況對照並加以活用，會對提升表現帶來幫助。

## POINT

- 男性的頭腦通常以空間認知能力及理論性思考見長，並較重視達成目標及獲得地位、權力。
- 女性的頭腦在語言能力及感受力方面較為出色，注重人際關係及溝通、愛。
- 對於這些差異的理解可以運用於生活，但也要記得上述差異並非絕對。
- 將男女間的差異與自身狀況做比較，可以在做各種選擇時提供幫助。

# 基因會受飲食、運動、壓力、人際關係、環境影響而改變

推薦書籍

**遺傳密碼：我們不是被動的基因繼承者，童年創傷、飲食及生活習慣的改變，都能改變基因體的表現**

薛朗・莫艾倫／著
陳志民／譯
大塊文化出版

薛朗・莫艾倫……科學家、內科醫師、非文學作家。

## 「遺傳」並不等於「命運」

提起「遺傳」會讓你想到什麼呢？或許很多人會覺得：「當父母生下我的那一瞬間，遺傳到我身上的東西就已經全都決定好了。」

這等於是認為：「遺傳是一代代祖先傳下來的，我所繼承的，以及要傳給子孫的東西，幾乎都沒有得選擇。」但其實「遺傳＝命運」的想法已經過時了。

**最新的研究指出，我們的DNA是一直在改變的。**這種現象叫作「表觀遺傳」。你在什麼

地方過什麼樣的生活、與誰相處，乃至於承受何種壓力、吃哪些食物等，都不斷在改變我們的DNA。

《遺傳密碼》這本書的作者薛朗・莫艾倫將此形容為：「就像是好幾千個小燈泡有各自的開關，這些開關會根據你做的事、看的東西、自身的感受而打開或關上。」

即使繼承了某種基因，也無法斷定是否就會表現出該基因的特質。而且由於開關會打開或關上，因此表現出來的特質也經常改變。

## 基因會受環境影響而改變

換句話說，因遺傳而繼承的東西，全都是可以改變的。**也就是遺傳並非一成不變。**

表觀遺傳的一個例子就是女王蜂。其實女王蜂和工蜂的基因完全一樣，不同之處僅在於生育期的食物，得到大量蜂王漿餵食，便會成為女王蜂。女王蜂與工蜂的差異，就只有這一項。

「表觀遺傳」指的是雖然基因不會變，但基因的特質有可能表現出來，或不會表現出來。

就女王蜂而言，影響表觀遺傳的因素只有一項，就是生育期的食物。但一般認為，人類的表觀遺傳更為複雜。

表觀遺傳目前尚有許多未知之處，基本上有可能影響到表觀遺傳的因素，就是本書也經常提到的**「飲食、運動、壓力、人際關係、環境」**等。

## 仔細觀察自己，以打開好的基因開關

如果說得更清楚一點，就是抽菸及飲酒量、服用的藥物、從事的運動種類、居住地點及居住環境等。「菠菜」就是一個有趣的例子。

菠菜的葉子大量含有一種叫作甜菜鹼的物質。甜菜鹼在人體內會化作「甲基供體」，參與影響基因編碼的化學連鎖反應。

奧勒岡州立大學的研究指出，許多食用菠菜的人都出現了表觀遺傳的變化。

具體來說，是會與調理肉品的致癌物質帶來的基因突變對抗，並且幫助細胞。

「飲食、運動、壓力、人際關係、環境」等因素帶給我們的影響終究不可忽視。

另外，哪一項因素能夠打開對自己有益的基因開關，是因人而異的，所以還是只能親身實驗加以確認。這必須培養觀察、了解自身狀態的能力，同時反覆進行假設與驗證，找出能夠提升自身狀態及表現的因素。

**你的命運並非由「遺傳」決定，而是可以透過「日常的努力」改變的。**

## POINT

- 父母的遺傳並不會決定一切。
- 基因本身雖然不會改變，但其特質卻有可能表現或隱藏起來。
- 「飲食、運動、壓力、人際關係、環境」等因素會影響基因的開關。
- 想要打開好的基因開關，就得持續用心觀察自己。

# 「大器晚成」的人更容易成功

推薦書籍

**跨能致勝：顛覆一萬小時打造天才的迷思，最適用於AI世代的成功法**

大衛・艾波斯坦／著
林力敏、張家綺、葉婉智、姚怡平／譯
采實文化出版

大衛・艾波斯坦……美國的科學新聞工作者，網路媒體ProPublica記者，前《運動畫刊》資深作者。

## 做不同的嘗試，找出適合自己的路

人可以分成「早熟型」與「大器晚成型」。早熟型在人生早期就找到了適合自己發展的領域，並集中投入時間及勞力，年輕時就繳出了亮眼的成績。

而大器晚成型則是隨興之所至嘗試各種挑戰、累積經驗，在此過程中決定自己的方向，在後來才獲得成功。因此，兩種類型的生涯表現也不一樣。

一項研究發現，較早集中專攻某個領域的人（早熟型），在大學畢業後的一段時間收入較後來才慢慢做出選擇的人（大器晚成型）高。但較慢做出選擇的人更能找到符合自身技能及特質的工作，通常不久之後就能迎頭趕上。

另外在科技研發方面，目前也已經知道，比起深入研究單一領域的人，具備各種不同領域經驗的人更具創造力，能做出具有重大影響力的發明。

運動及美術等領域，也得到了相同的研究結果。

我們常會認為，「創造亮眼成績的人都是早熟型的，在自己專長的領域出類拔萃」。但其實以數量來說，早熟型的反而是少數。許多成功人士都是「大器晚成型」，在經歷各種不同嘗試後，才找到能夠發揮自身特長的領域，大放異彩。

因此**或許可以說，許多人都急於盡快取得成功，結果反而無法拿出好表現。**

## 急著決定自己要走的路並非好事

「早熟型」與「大器晚成型」提供了兩項啟示。

**一項是「搶先起跑的價值被高估了」，另一項則是「根據自身興趣、志向做選擇的重要**

**性」。**

以下就來一一說明。

首先，「搶先起跑」指的是比其他人先起步。換句話說，提早做出選擇這件事容易被高估，搶先起跑的「早熟型」通常都受到了過度吹捧。

搶先起跑在某些領域確實比較有利。

例如，高爾夫球或西洋棋等有明確的規則，並能夠將經驗模式化的領域，搶先起跑的人通常比較容易取得優勢。

但在並非如此的大多數領域，搶先起跑的優勢就不明顯了。

在大多數的領域，**因為繞遠路及摸索而得到的各種經驗常能起到作用，這種「多元經驗」十分重要。**

換句話說，**追求短期效率未必是提升長期成果的最佳手段**。

關於第二項「根據自身興趣、志向做選擇的重要性」，簡單來說就是要注重「適性」。

適性對於一件事的成果影響非常大。如果是不適合或自己沒興趣、不在意的事，就算想要努力做出一番成果也不會有好表現，效率不佳。

正因為如此，太早決定自己要走的路，其實有可能是巨大的機會損失。

由以上兩點可以知道，慢點決定自己要走哪條路也沒關係。或者該說，不要太快做決定比較好。

## 繞遠路及累積不同經驗會讓人進步

不斷繞路、歷經嘗試與失敗，累積各種經驗的過程，能幫助你找到最適合自己的領域。

其實從更宏觀的角度來看，像這樣晚一點選擇自己要走的路，有助於創造更有效率的職涯。

過去統治羅馬的尤利烏斯・凱撒（西元前一百至西元前四十四年）就是大器晚成型的人，不過他自己一開始曾經感嘆過這件事。

羅馬時代歷史學家的紀錄提到，凱撒年輕時有一次在看了亞歷山大大帝的雕像後嚎啕大哭。

「亞歷山大大帝在和我現在差不多年紀時已經征服了許多國家，但我卻沒做出任何能在歷史留名的事。」

但相信大家都知道，凱撒後來成為了羅馬的統治者。

許多領域的研究都指出，**一面累積各種經驗一面思考、進行嘗試在充滿不確定性的現代，其實是培養能力的源頭**。

相信「每一件事都是有意義的，點與點到了後來就會連成線」，積極投入你目前熱衷的事物就對了。

擁有熱情，自然就能發揮好表現。

點與點如果能連成線的話當然很好，就算沒有連成線，所有的經驗仍會持續跟著我們，即使肉眼看不見，也能帶來正向的影響。

因此，完全不需要覺得「我落後了別人一大截」之類的，其實我們每個人都走在進步的道路上。

## POINT

- 人可以分成「早熟型」與「大器晚成型」。
- 與早早就決定自己要走的路相比，在累積不同經驗、遭遇失敗的過程中找出適合自己的一條路會更好。
- 所有的經驗都是有意義的，會帶來正向影響。

# 三溫暖是能夠有效消除腦部疲勞的最佳方法

推薦書籍

**醫生的三溫暖教科書 職場菁英是如何透過三溫暖整頓大腦與身體的？（暫譯）**

医者が教える
サウナの教科書
ビジネスエリートは
なぜ脳と体をサウナで
ととのえるのか

加藤容崇／著
Diamond社出版

加藤容崇……慶應義塾大學醫學院腫瘤中心特任助理教授，日本三溫暖學會代表理事，被暱稱為三溫暖教授。

## 三溫暖有助於提升表現

我非常喜歡做三溫暖，因為三溫暖可以將疲勞一掃而空，感覺非常舒服，對於提升表現有不可多得的幫助。

**全套三溫暖包括了「三溫暖－冷水浴－休息」三個階段**。做完這一套流程，可以帶來消除腦部疲勞、頭腦變好、容易湧現創意、安定心神、提升睡眠品質、消除眼肩腰的疲勞、美肌、瘦身等效果。

之所以具有這些效果，是因為**三溫暖能夠「使自律神經正常運作」、「促進血液流動」、「提升代謝機能」**。

自律神經包括了交感神經與副交感神經（詳細內容請參閱第三章的〈交感神經（油門）與副交感神經（煞車）的交替運作是一切關鍵〉），三溫暖有助於交感神經與副交感神經正常切換運作。

這樣就叫作自律神經運作良好。自律神經的運作良好，便能帶來前面提到的各種效果。

另外，三溫暖會令體溫上升，因而促進血液流動，並大量排汗，如此一來便可提升代謝。血液流動與代謝的提升有助於消除眼肩腰的疲勞、美肌、瘦身，以下將進一步詳細說明其中的道理。

## 腦部運作會因三溫暖而活躍起來

三溫暖的室溫接近一百度，當置身於這種超高溫環境時，我們的身體會判斷「現在是緊急狀態！」讓交感神經掌握主導權（進入戰鬥狀態）。為了因應超高溫這種危險的環境，身體會動員所有能量準備戰鬥。

在經過超高溫洗禮後，下一個階段是冷水浴。先是超高溫，再來是超低溫，對身體而言這同樣是危機狀況。

做完冷水浴後，則是進行休息，躺著或坐著都可以。這時候才總算回到了安全的日常環境之中，身體會因此而瞬間感到安心並放鬆，將主導權交給副交感神經（放鬆模式）。

像這樣做完「三溫暖—冷水浴—休息」一整套流程，自律神經的運作就會得到改善，並且有效消除腦部的疲勞。

三溫暖具有如此功效的原因是：

①可強迫腦部休息。

②增加了腦部的血液流動。

當三溫暖與冷水浴等危機狀況接二連三出現時，身體雖然是戰鬥狀態，但腦部是完全休息的。這是因為身體已經面臨危機了，所以無暇再命令腦部運作。

換句話說，進行三溫暖與冷水浴時，腦部可以休息。在現代這種充滿壓力的社會，讓腦部休息是非常重要的，即使是用強迫的方式也無妨。

此外，三溫暖造成的血液流動變化也能夠消除腦部疲勞。當體溫因為三溫暖而上升，全身的血液循環也會跟著變好。

而在三溫暖後進行冷水浴時，身體的熱會留在體內，但皮膚表面的細小血管會瞬間收縮。如此一來，大量的血液就只會流往體內的大血管，造成大血管的血液流動急遽增加。這些大血管之中包括了連接腦部的大動脈，因此流經腦部的血液也會變多，因此能帶走堆積在腦部的老廢物質，消除疲勞。

**三溫暖還具有讓頭腦變好、容易湧現創意等效果。**三溫暖可幫助腦內的$\alpha$波與$\beta$波等腦波正常運作，進而帶來這兩種效果。所謂的「頭腦變好」，指的是能夠鍛鍊工作記憶（可以想像成工作用的辦公桌），提升專注力。工作記憶愈大，就愈能解決困難的問題、在處理事情時發揮效率。

而且，專注力若是提升，工作效率也會變好，改善生產力。三溫暖正好可以幫助與工作記憶及專注力有關的$\alpha$波正常運作。與創意及靈光一閃高度相關的$\beta$波同樣能透過三溫暖維持正常運作，因此更容易想到新點子，或瞬間浮現靈感。

## 方法對了效果會更好

既然三溫暖對於提升表現有如此神奇的效果，那到底怎樣的三溫暖方式是最好的？答案是**「選擇自己感覺最舒服的方式進行」**。這樣能發揮出最大的放鬆效果，讓三溫暖帶來的各種好處產生極致功效。

接下來就介紹以「自己感覺最舒服」為提前，「符合醫學觀點的正確三溫暖方式」。

「三溫暖—冷水浴—休息」為一整套的三溫暖，從三溫暖室移動到冷水浴池，以及離開冷水浴池到外面休息的距離要盡量短才會有效。

再來則是時間，三溫暖為五至十分鐘，冷水浴為數十秒至二～三分鐘，休息則是五至十分鐘左右。但每個人的體溫上升及下降速度不同，每個地方的三溫暖及冷水浴溫度也不一樣，因此建議用心跳數當作參考標準。

**當心跳數變成平時的兩倍時離開三溫暖室，心跳數回到原本水準時離開冷水浴池是最好的。**如果以身體的感覺來說的話，大概就是在三溫暖室覺得背部中央變熱，在冷水浴池中氣管開始覺得有涼意時。進行休息時如果可以的話，躺下來是最好的，這樣比較容易讓血液流遍全身。如果沒辦法躺的話，建議就坐著休息。基本上整套流程要做三至四組，做完一組時記得多補充水分。

希望你也能找出對自己而言最舒服的方式，藉由三溫暖的幫助提升個人表現。

## POINT

- 「三溫暖—冷水浴—休息」這整套的流程能改善自律神經的運作，並帶來許多好處。
- 除了身體以外，三溫暖還能消除腦部疲勞、使頭腦變好、容易湧現創意、安定心神、提升睡眠品質、消除眼肩腰的疲勞、美肌、瘦身等，具有各種功效。
- 找出「自己覺得最舒服的三溫暖方式」，提升個人表現。

# 第5章

跟著最新科學證據提供的
正確解答做準沒錯！

## 打造最強心理素質②
## 心理學

# 「互惠、一致性、社會認同、喜好、權威、稀有性」是掌握人心的六大關鍵

推薦書籍

**影響力：說服的六大武器，讓人在不知不覺中受擺佈**

羅伯特・席爾迪尼／著
閻佳／譯
久石文化出版

羅伯特・席爾迪尼……亞利桑那州立大學心理學系榮譽教授。

## 懂得不被他人操弄才能有好表現

人容易在六種情況下遭到他人操弄，不論你是否覺得自己是個容易被騙的人，了解這些操弄手法都能幫助你在商場上提升表現。

接下來將介紹六種掌握人心的原則，說明為何人會在不知不覺間受操弄。

人之所以會遭到操弄最根本的原因在於，所有動物都存在著**固定行為模式**。

人類的固定行為模式中，影響力最大的是**「互惠、一致性、社會認同、喜好、權威、稀有**

性」這六種。

人受到操弄的主要原因都出在這六種模式。

固定行為模式其中一個代表性的例子是火雞。

育有雛鳥的母火雞非常體貼，會幫雛鳥保暖、清理毛髮等，給予各種照顧。但有趣的是，母火雞並非時時刻刻都是如此。

只有當雛鳥啼叫時，母火雞才會提供照顧。更令人驚訝的是，雛鳥沒有啼叫的話，母火雞便會忽視雛鳥，有時甚至可能殺死雛鳥。

這種固定行為模式在所有動物身上都看得到。

火雞雛鳥的啼叫聲等於是一種開關，母鳥則是原本就已經被設定成會照顧雛鳥。之所以會如此，是因為這樣比較有效率。

生物歷經了漫長的歲月進化，並在進化過程中發展出「當這個開關打開時，就要這樣做」的固定行為模式。

像這樣不進行思考而將行為模式化能夠節省腦部的能量消耗，有利於生物生存。

接著來看「互惠、一致性、社會認同、喜好、權威、稀有性」這些人類的固定行為模式。

## 認清六個容易使人上當的「開關」

**互惠**，指的是當別人幫忙自己，或收到別人給的東西時，覺得「自己也必須有所回報」的習性。在超市或賣場遇到銷售人員提供試吃時，許多人吃了之後可能多少會覺得「光吃不買的話好像不太好……」正是這個道理。

**一致性**，是指「人一旦做出決定，之後就會抗拒改變自己的想法或行為」。建立「每個星期天的午餐都固定吃拉麵」之類的習慣，在無意識之中將自己的行為模式化，可以減少煩惱該如何做選擇的狀況，輕鬆許多。

**社會認同**，是認定「愈多人做的事情愈是正確」的習性。這在日本人身上似乎特別明顯。

**喜好**，指的是「對一個人有好感的話，就會認為對方說的話、做的事是對的」這種習性。人在面對有好印象的人提出的要求時會爽快答應，但如果不是有好印象的人，往往不會輕易點頭，你是否也是這樣呢？

推銷員在推銷商品時通常會先提供各種情報給客戶，讓對方覺得「願意給我這麼多有用的情報，應該代表他（推銷員）是好人吧？」而願意聽推銷員說話。這種狀況正是喜好的例子。消除他人的警戒心其實也是「喜好」的一種。

**權威**，則是指人會容易相信專家或擁有「〇〇大學畢業」等頭銜的人所說的話。

**稀有性**，就如同字面上的意義，是一種覺得物以稀為貴的習性。

這六個操弄人心的原則最可怕的一點是，**人會在自己沒有察覺的狀態下受操弄。**

固定行為模式如同被設定好的程式般，為了減少腦部能量消耗而使頭腦不進行思考，當某個開關打開了，就會做出相對應的特定行為。

換句話說，當這六個開關的其中某一個被打開時，我們人類便會**頭腦停止運作，不自覺地受到控制。**

## 確認你的行為是出於自身想法或只是開關被打開了

這六個開關也大量使用於商業、消費領域，大家不妨想想看日常生活中常見的商業宣傳手法。

像是提供標榜「免費」的物品或服務，打開**互惠**的開關；以「人氣第一」、「銷售冠軍」等字眼打開**社會認同**或**權威**的開關；或強調「期間限定」、「數量有限」來打開**稀有性**的開關。

固定行為模式的六個開關是人類經過漫長的進化發展出來的，原本其實是符合生存戰略、能提升效率的反應。

但到了現代，市面上卻充斥著巧妙運用這些開關的宣傳銷售手法。

因此在購物之前不妨冷靜思考一下，自己是真正需要這個東西，或者只是這六個開關之中的某一個被打開了。相信這樣可以幫助你避免事後感到懊悔。

不僅是購物，**做任何事之前都先進行確認，能讓人生少些後悔、過得更有意義**。

認識了這六個開關，就不會在生活中做出沒有意義的決定，也能對你的表現帶來正面影響。

## POINT

■開啟人類固定行為模式的六大開關是「互惠、一致性、社會認同、喜好、權威、稀有性」。

■認清了「這六個開關會在不知不覺間被打開，而且威力強大」的事實，可以避免做出令自己後悔的行為。

■除了購物以外，固定行為模式的開關也適用於生活中的所有決策，能幫助你活出更有意義的人生。

# 人的決策分為直覺式的「系統一」與理論性思考的「系統二」

推薦書籍

**快思慢想**

丹尼爾・康納曼／著
洪蘭／譯
天下文化出版

丹尼爾・康納曼……認知心理學家，普林斯頓大學榮譽教授，專門研究決策判斷及行為經濟學。

## 直覺式思考不需要使用腦力

人的決策可分為**快思**（系統一）與**慢想**（系統二）。理解這兩種系統的特性，能使我們每天做出的無數項決策更有價值。

系統一是**會自動運作，不需要耗費心力的高速思考**，像是透過表情或情緒察知他人的狀態等，屬於單純、直覺式的思考。

至於系統二則是用於理解艱深的文字等，屬於**複雜、理論性的思考**。

系統二與系統一不同，需要耗費心力，因此如果系統二在一天之中工作量太大，腦部會感到疲倦，思考的精確度也會下降。因此我們的頭腦會盡可能不用系統二，而是以系統一進行思考。

換句話說，我們人類偏好盡量以直覺式、簡單的思考面對所有事物，因此接下來的探討將以系統一為主。

雖然系統一是自動運作，且不需要耗費心力的，但出乎意料的是，系統一的表現其實相當出色。

例如，接起電話時一聽到電話另一頭的聲音，就能察覺到對方正在生氣；或是走進房間的瞬間就敏銳地發覺，房間裡的人剛才在談論自己。

直覺之所以表現如此出色，是因為事實上**直覺運用了過去的大量經驗做為判斷的依據**。

直覺是藉由自身過去的失敗及成功經驗培養起來的，因此經常做出正確判斷。

系統一固然十分優秀，但也有三項無法忽視的缺陷，以下將會一一說明。

## 認識直覺式思考的缺陷

系統一的第一個缺陷是**「確認偏誤」**。確認偏誤的意思是，只認為能夠佐證自己看法的資訊是正確的，忽略其他訊息。

例如，深信「進入大企業工作就能安心」的人，會不假思索地對於進入大企業有好處的資訊照單全收，而無法接納其他意見或客觀看待這件事。

像這樣肯定自己的判斷，只接受對自己有利資訊的傾向就是確認偏誤。

第二個缺陷是**「暈輪效應」**。這是指要對某人做出評判時，容易受到對方特別突出的特質影響的現象。

例如，假設A是個帥哥，許多人就容易產生錯覺，認為「既然他是帥哥，那頭腦應該也很好，而且擅長運動吧」。第一印象雖然重要，但不論是好的或壞的第一印象，都會產生暈輪效應。

以下介紹的兩個人，你會對誰比較有好感呢？A既聰明又勤奮，個性固執、嫉妒心強；

B則是嫉妒心強而且個性固執，既勤奮又聰明。

許多人可能會對A比較有好感。兩個人的特質雖然一樣，但只要改變一下排列順序，就會產生不同的觀感。聽到「既聰明又勤奮，個性固執」這樣的敘述，容易給人意志堅強的印象。

相反地，聽到「嫉妒心強而且個性固執」，就容易產生頑固、我行我素的負面印象。後面提到的「聰明」，說不定也會被負面解讀為「奸詐、小聰明」。

從這個例子可以知道，**第一印象的其中一項特質會對整體觀感形成重大影響，這便是暈輪效應。**

## 不要讓快思的缺陷影響判斷

系統一的第三個缺陷是**「展望理論」**。以下的問題一與二，你各會選擇A還是B？

- **問題一：「A一定能得到九萬圓。B有百分之九十的機率得到十萬圓。」**

下一題你會如何選擇？

**・問題二：「A一定會損失九萬圓。B有百分之九十的機率損失十萬圓。」**

我想你或許和大部分的人一樣，問題一選A，問題二選B吧？這是因為我們通常極為討厭失去，這便是展望理論。

如果基於理性思考，個性腳踏實地的人應該兩題都會選A，而賭徒性格的人則會兩題都選B。

但在現實生活中，幾乎所有人都會在問題一選A，問題二選B，做出非理性的判斷。系統一便是像這樣**「極度厭惡失去，因而無法做出理性判斷」**，存在展望理論這項缺陷。

正因為如此，許多人在投資或賭博時無法做出停損。畢竟停損是一種會明確造成自己損失的行為。

以上介紹的系統一的缺陷，都是來自於系統一「偏好單純與一致性」的特性。這是因為**不**

**需耗費心力，屬於快思的系統一想要盡可能簡單地思考事物。**

因此，要做出重大決定時，最好留心這三項缺陷，不要過度依賴系統一的直覺。

兩種思考系統若是運用得當，能幫助你在日常生活中做出更好的決策。

**POINT**

- 人的決策分為系統一與系統二，系統一屬於快思，系統二屬於慢想，人通常會想要使用不需耗費心力的系統一。
- 系統一具備敏銳的直覺，但也具有三項缺陷。
- 這三項缺陷分別是「確認偏誤」：只接受自己認定正確的消息、「暈輪效應」：做判斷時容易受到第一印象等單一特質影響、「展望理論」：極度厭惡失去的心態。

## 人的想法容易受到安慰劑效應與反安慰劑效應影響

推薦書籍

**「期待」的科學（暫譯）**

Mind over Mind: The Surprising Power of Expectations

Chris Berdik／著
Current出版

Chris Berdik……科學記者。

### 藉由「先入為主的想法」提升表現

我們不論在好的方面或不好的方面，都很容易受到先入為主的想法影響。

以下會依序解說①**安慰劑效應**、②**反安慰劑效應**、③**心靈效應**這三種「先入為主的想法」。

首先，**安慰劑效應**指的是有時服用實際上並無療效的安慰劑，同樣能改善病情的一種現象。這是因為「吃了藥就會變好」的成見使得腦部分泌出類似鴉片的物質所導致。

即便是服用安慰劑，但只要相信這是有效的藥，身體就會依照我們的期待做出正面的反應

（安慰劑的英文placebo源自拉丁文，原始的意思是「我將受安慰」）。也就是日本諺語所說的「病要由心來醫」。

除了藥物以外，安慰劑效應也存在於許多場合。

有一項實驗是將飯店員工分為兩組，只對其中一組發放一張表格。表格中列出了「整理床鋪可消耗約五十卡熱量」、「清理浴缸可消耗約兩百卡熱量」等，說明進行各項工作所消耗的熱量。

兩組員工依舊照常工作，負責完全相同的工作內容，但拿到表格的那組員工出現了體脂肪下降、血液健康程度提升、身體年齡變年輕等變化。至於沒有拿到表格的員工，則完全沒有變化。

換句話說，員工除了單純地工作外，只是稍微產生「工作有益身體健康」的想法，身體狀態便出現了變化。

由此可知，**人會因為內心感受或成見所產生的想法改變而受到正面影響。**

因此結論就是，**做任何事情時，都要想著這件事能帶來的好處。**

## 「先入為主的想法」也可能使表現變差

至於**反安慰劑效應**則正好與安慰劑效應相反。

也就是在吃下沒有任何療效的安慰劑時，若深信會帶來副作用，便會真的產生副作用（反安慰劑的英文nocebo之拉丁文原意為「我將受傷害」）。

安慰劑效應會讓成見產生正面作用，反安慰劑效應則會使成見產生負面作用。同樣地，反安慰劑效應也會出現在藥物以外的各種場合。

例如，英格蘭足球國家隊有一項「不擅長踢ＰＫ戰」的魔咒，這數十年來在球賽要以ＰＫ戰決勝負時，獲勝的機率非常低。

運動心理學家蓋爾・約爾德（Geir Jordet）對此深感興趣，於是進行研究，結果發現「英格蘭國家隊在ＰＫ戰表現不佳，是受到了反安慰劑效應的影響」。

球員到了要踢ＰＫ戰決勝負時，總會想到這項魔咒，擔心「這次是不是又要輸在ＰＫ戰了？」被不祥的預感限制了身手，表現因而受到影響，最終輸掉ＰＫ戰。

而且研究發現，進行PK戰時，英格蘭球員在主審吹哨後很快就會將球踢出去。這表現出了「想快點結束PK，快點離開這個地方」，而非「我要踢進這一球」的心態。有趣的是，這種情況在受到期待的明星球員身上更為明顯。

如同以上這些例子所提到的，人會因為成見或些許想法的改變，帶給自身表現正面或負面影響。

## 了解每種行為帶來的效果，提升自我表現

最後的**心靈效應**是指某件事情對於相信能量景點或求神拜佛等宗教、靈異力量的人有效，對於不信神的人無效的一種現象。

看過前面的說明之後，你或許也依稀明白這個道理。

能量景點或神明的存在這種事並不符合科學，但對此深信不疑的人會因為安慰劑效應而得到能通過科學驗證的好處。

**宗教、靈異力量雖然不是科學，卻具有能發揮科學效果**的一面，實在是耐人尋味。

以上說明了先入為主的成見所產生的效果。

就像你現在正在閱讀的本書，介紹了運動、冥想受到腦科學與心理學兩種科學觀點認可的好處、有效擬訂計畫的方法、提升工作效率的方法、控制多巴胺及血清素等腦內物質的方法等，各種有助於改善表現的知識。

實踐這些方法時，心裡要很清楚自己在做的事情能帶來什麼好處，否則效果會大打折扣。所謂的「清楚能帶來什麼好處」，意思就是設法讓自己能夠說出具體效果、有辦法向他人解釋。寫在紙上或用口頭告訴他人都無妨，**重點在於有能力用自己的話進行說明。**

若有辦法立即說出自己從事的運動或冥想等有哪些好處，就能將實際得到的好處最大化，並提升表現。

POINT

- 先入為主的成見或想法的些許改變都會對人產生重大影響。
- 安慰劑效應會因成見產生正面作用，反安慰劑效應則會因成見產生負面作用。
- 在親身實踐的過程中，清楚知道自己做的每一件事的效果，能將表現提升到極致。

## 愈幸福的人在工作及學業上表現愈好

**不是「成功之後會得到幸福」，而是「因為幸福所以能夠成功」**

許多人都認為：「只要事業成功，我的人生就會幸福。」

但**其實順序是相反的，應該是「因為過得幸福，所以才會成功」**。這在心理學上叫作「幸福優勢」，幸福優勢有七條法則：

①過得幸福且正向能提升頭腦表現。

推薦書籍

**哈佛最受歡迎的快樂工作學：風行全美五百大企業、幫助一千六百萬人找到職場幸福優勢，教你「愈快樂，愈成功」的黃金法則！**

尚恩・艾科爾／著
謝維玲／譯
野人出版

尚恩・艾科爾……GoodThink負責人，擁有哈佛大學碩士學位。正向心理學權威專家。

②心態會改變個性。

③思考會往好或壞的方向模式化。

④挫折、壓力、困難會使人成長。

⑤挑戰若是太大會令人失去理性（因此必須將挑戰切割細分，確保自己能夠掌控）。

⑥意志力是有極限的（因此需要技巧建立習慣）。

⑦人際關係是最重要的資產。

這七項法則是腦科學與心理學領域耗費超過十年時間，根據多達數千項的科學研究彙整出來的。

這個單元將針對其中的①過得幸福且正向能提升頭腦表現、⑥意志力是有極限的（因此需要技巧建立習慣）、⑦人際關係是最重要的資產三項做解說。

**「過得幸福且正向能提升頭腦表現」指的是愈幸福的人頭腦的運作愈好，容易有好表現。**

或許你會質疑：「奇怪？應該是有了好表現以後會感覺更幸福才對吧？」但許多客觀研究發

現，實際上是相反的。

人在感到幸福時會有更強的動力及競爭心，容易有好表現。效果雖然因人而異，但以下七種方法都有助於提升幸福感：**「冥想、運動、製造樂趣、友善待人、維持環境整潔、將金錢用於獲得體驗、發揮自身專長」**（以上每一項都曾於之前的單元解說，請自行參閱）。

## 養成習慣比單靠意志力更有用

接下來是⑥「意志力是有極限的」這項法則。許多人即使動念想要培養運動習慣或減肥等，卻都難以持續下去。這其實與頭腦的習性有關，是無可奈何的事。由於頭腦想要的是輕鬆，因此會希望盡可能不要改變現狀，也就是**頭腦偏好的是「習慣」**。

因此反過來說，能掌控習慣的人就能掌控人生。有一個有效的方法能夠掌控習慣，那就是增加或減少行為的阻礙。

例如，如果想養成一早就去跑步的習慣，可以穿著運動服睡覺；希望自己少打電動的話，就把遊戲主機收到櫃子的深處去。

頭腦想要輕鬆，因此偏好「習慣」

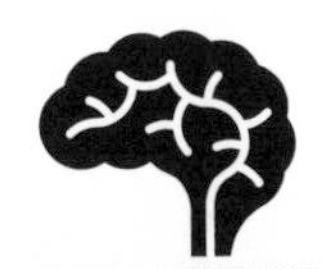

不想改變既有的做法

||

**關鍵就在於建立習慣！**

| | | |
|---|---|---|
| 一開始 | → | 減少行為的阻礙 |
| 三週後 | → | 還想繼續下去 |
| 三個月 | → | 不做的話反而覺得不對勁 |

**能掌控習慣的人就能掌控人生！**

由於頭腦有「不想改變既有做法」的習性，因此只要養成了好習慣，表現也將隨之提升。無論如何，即使是小事也無妨，若能持續進行三週的話，頭腦就會想要繼續下去（各方說法不一）。**進一步持續到三個月的話，會變成「不做的話反而覺得不對勁」，也就是成為一種習慣。**這便是能有效培養好習慣的方法。

## 好的人際關係能讓人生變得更好

最後來說明⑦「人際關係是最重要的資產」。好的人際關係具有提升幸福感、增加動力、減少壓力等效果。

比起獲得金錢或地位，擁有好的人際關係更能讓人對人生感到滿意，對於健康的影響也大於飲食及運動。因此，相較於「富有而且注重飲食及運動，但卻沒有朋友的人」，「沒有錢也沒有運動習慣、飲食不均衡，但擁有心愛的家人、好友、交往對象的人」往往更加健康、幸福。令人意外的是，人際關係扮演了如此重要的角色，其重要性卻經常被忽略。

例如，一心追求好成績而寧願單打獨鬥，或是為了升遷而不惜拉下其他人之類的行為，都不會獲得幸福。選擇與其他人一同努力，或是與對手良性競爭、相互砥礪，休假時與家人、朋友或交往對象一起度過，更能有效提升幸福感及表現。愈是成功的人愈重視人際關係，並將人際關係當作前進的動力。許多懷有遠大抱負的人常會忽略這一點，但絕對不能忘記對於人際關係的投資。

另外再補充一項建議，**不妨先從獲得微小的成功經驗做起**。我認為這是非常有效的方法。幸福感及個人表現可以透過微小的成功經驗有所提升，而且不斷累積之後，有助於創造更大的成果。

## POINT

- 不是「成功之後會得到幸福」，而是「因為幸福所以能夠成功」。
- 心理學將這稱為幸福優勢，有七項法則可提升幸福感。
- 幸福且正向能夠提升頭腦的運轉效率。

## 好的人際關係可以提升運勢

推薦書籍

**幸運人生的四大心理學法則：提升直覺、擺脫厄運，最科學的30天運氣大改造**

李察・韋斯曼／著
奚修君／譯
商業周刊出版

李察・韋斯曼……心理學家。

### 改善運勢可以自己來

世界上有的人運氣好，有的人運氣不好。

你認為自己是運氣好的人嗎？或覺得自己屬於運氣不好的人？受好運眷顧與不受好運眷顧的人生，究竟有何不同？

李察・韋斯曼博士以科學方式分析數千人的資料，發現了四項決定運氣好壞的法則。不要覺得自己對運氣束手無策而選擇放棄，只要盡可能努力讓運氣站在自己這一邊，運勢就會變好。

以科學方式對運氣進行研究後發現，運氣好的人有四項特徵，分別是——

①**將機會最大化**（人脈廣，或是願意接受新事物）。

②**懂得察覺機會**（對機會敏銳，信任直覺行動）。

③**期望好運降臨**（期待幸運的同時付出努力，毅力過人，擁有不放棄的態度）。

④**將厄運轉變為好運**（對於厄運不多做計較，會從正面角度看待發生的事情）。

想要藉由實踐這四項法則改善運勢的話，則有三個訣竅，以下將一一介紹。

## 良好的人際關係對運勢也有幫助

實踐提升運勢的四項法則時要注意的三個訣竅分別是**「善待自己」**、**「認定自己有好運」**、**「追求與他人共榮」**，以下將一一講解。

首先是**「善待自己」**。一個人要珍惜自己，運氣才會變好。這是因為**善待自己的人也會受到身邊其他人的善待**。

這個道理最基本的前提是，運氣的好壞與建立良好的人際關係高度相關。原因在於幸運經常是透過他人到來的，良好的人際關係容易創造出機會。

而維持良好人際關係最重要的一件事，就是善待自己。如此一來，身邊其他人也會同樣善待你。

人是一種在與他人合作或競爭的過程中，能夠創造出豐碩成果的社會性動物，因此良好的人際關係能夠提升表現。

好的人身邊容易吸引好的人聚集，心理學將這種現象稱為「破窗理論」。

這個理論認為，建築物的窗戶被打破之後如果放著不管，該地區就會容易發生犯罪案件。要說明這個理論，可以用隨手亂丟垃圾做為例子。

一個地方一旦有人隨手亂丟垃圾，就很容易出現有樣學樣的人；但如果是乾淨整潔、看不到任何垃圾的地方，則不會有人想要亂丟垃圾。換句話說，一樣東西如果原本就沒有被善待，那麼就只會被更加隨便對待；如果有被珍惜重視，則會繼續受到重視，人類的心理便是這樣。

人際關係同樣適用破窗理論。

也就是如果你隨意對待自己的話，其他人也只會隨便對待你；如果你善待自己，其他人也會同樣善待你。

所謂的善待自己，具體來說包括了「喜歡自己」、「對自己有自信」、「注重健康」、「服裝儀容整潔」等重視自己的行為。

做到這一點，能讓你更容易建立良好的人際關係。

**擁有良好的人際關係，才有辦法拿出更優秀的表現。**

## 追求與他人共榮能使運勢節節高升

改善運勢的第二個訣竅是**「認定自己有好運」**。認為自己運氣好的人與認為自己運氣不好的人，看待及因應困境的方式也有所不同。

例如，認為自己運氣不好的人在面對困境或失敗時，會覺得「因為我運氣不好，所以才遇到這些事」，習慣將失敗歸咎於運氣。

至於認為自己運氣好的人在遭遇失敗或困境時，會覺得「雖然我運氣好，卻還是遇到了這種事」，於是進而思索「既然這樣，是不是我的做法不對？或是我不夠努力？」。

也就是**認為自己運氣好的人，比較容易創造出改善及努力的空間**。

由此可知，面對困難時的處理方式會隨個人想法而有所不同。經年累月下來，這種差異會使得最終結果大不相同。

認定自己好運的人會找出方法成長，這有助於帶來更大的幸運。

提升運勢的第三個訣竅是**「追求與他人共榮」**。

前面曾不只一次提過，人是社會性的動物，透過形成社會、相互合作而壯大興盛。

從頭腦的運作機制來看，我們在與人合作或相互競爭、感謝他人或受到他人感謝等情況下，會有優秀的表現。

具體來說，良好的人際關係能夠讓前面提過的血清素、催產素、多巴胺等腦內物質運作起來。因此，追求與他人共榮的人才能成為好運的人。

追求與他人共榮能夠提升自己的個人表現，並透過與他人建立良好的人際關係帶來好運。

## POINT

- 好運的人具有①將機會最大化、②懂得察覺機會、③期望好運降臨、④將厄運轉變為好運等四項特質。
- 提升運勢有三個訣竅，分別是「善待自己」、「認定自己有好運」、「追求與他人共榮」。
- 運氣變好了，人際關係也會改善；人際關係變好，運勢也會提升，如此一來能創造出更優異的表現。

# 改善四項指標，解決愛拖延的毛病

**推薦書籍**

**為什麼人總是喜歡拖延？（暫譯）**

The Procrastination Equation: How to Stop Putting Things Off and Start Getting Stuff Done

Piers Steel／著
Harper Perennial 出版

Piers Steel……拖延與動機研究的權威，加拿大卡加利大學商學院教授。

## 如果能得到好處，人就不會拖延

做事情喜歡拖延的話，會造成表現變差。心理學認為，有四項條件可以避免做事拖延，分別是：

①有高機率獲得讚美獎勵。
②讚美獎勵具有相當分量。

③不用等很久就能得到讚美獎勵。

④當事人的衝動性低。

相信你看了應該也會同意。如果無法保證一定會得到讚美獎勵的話，很難讓人產生幹勁。若得到的讚美獎勵不多，或是要一段時間後才能得到讚美獎勵，也容易使人拖拖拉拉。另外，衝動性高的人會將滑手機、打電動等眼前的快樂看得比長期目標重要，而拖延自己該做的事。

這四種導致拖延的原因分別被稱作「期待」、「價值」、「時間」、「衝動性」，一件事情容易受到拖延與否，可以透過以下公式表示：

**「拖延的難度＝（價值×期待）÷（時間×衝動性）」**

期待與價值愈高、時間與衝動性愈少，就愈不容易出現拖延。根據這則公式可以知道，該怎麼做才能避免做事拖延。換句話說，想防止拖延，應該要①**提升期待或價值**，或是②**減少**

**時間或衝動性**。

接下來會透過這則公式講解防止拖延的方法。

## 防止做事拖延的四個方法

針對導致拖延的「期待」、「價值」、「時間」、「衝動性」等四個原因，各有不同方法解決。

首先是**提升「期待」**。期待指的是能得到讚美獎勵的確定性。期待愈高，就會愈努力避免拖延；具有自信的人，也會有更高的期待。這是因為「有自信能夠完成」也代表著有自信能得到完成事情後隨之而來的讚美獎勵。

那要怎麼做才能讓自己具有自信、提升期待呢？其中一項方法是**累積微小的成功經驗**。逐漸累積成功經驗能夠建立自信。要累積微小的成功經驗，可以先將想要達成的目標切割為數個小目標，如此一來便能夠定期得到成就感並培養自信，進而產生期待，覺得自己能夠堅持到最後。

接下來是**提升「價值」**。價值是指讚美、獎勵的多寡，也就是達成目標後的好處有多少。

拖延的公式「拖延的難度＝（價值 × 期待）÷（時間 × 衝動性）」

**避免做事拖延的四項條件**

①有高機率獲得讚美獎勵

②讚美獎勵具有相當分量

③不用等很久就能得到讚美獎勵

④當事人的衝動性低

**找出符合自身狀況的原因並加以解決，**
**讓自己做事情不再拖拖拉拉，提升表現！**

有一項已知的事實是，達成目標伴隨而來的價值若是愈大，人在做事時就愈不會拖延。

提升價值最重要的一個方法就是**正確理解達成目標後伴隨而來的價值**。像是「達成這個目標的話就會加薪」、「同事會很高興」、「能讓自己成長」等，必須能明確了解達成目標所具有的價值。

另外，**犒賞自己**也是一個有效的方法。「能完成這些的話就和朋友去喝酒」、「安排一趟旅行」等，想好達成目標後要如何犒賞自己，能夠提升達成目標的價值。

## 解決造成拖延的原因，提升表現

防止拖延的第三個方法是**減少獲得讚美獎勵所需的時間**。時間如果愈短，做事就愈不會拖延。縮短獲得讚美獎勵時間的方法，是**切割細分目標**。這樣做能讓人定期得到成就感。

最後的第四個方法是**減少「衝動性」**，其實也就是維持身體健康。自律神經（交感神經與副交感神經）與衝動性有很大的關係，**交感神經與副交感神經間的切換愈是正常，就愈能夠克制衝動**。要改善自律神經的狀態，就必須維持身體健康。具體方法則是本書一再強調的

「運動、冥想、睡眠、飲食、人際關係、壓力」。

控制好這些因素能使自律神經正常運作，並在實踐目標的過程中提升個人表現。如果你也有做事情喜歡拖延的毛病，不妨看看自己是否符合四個原因中的某一項。找出原因並加以解決，讓自己做事情不再拖拖拉拉，能夠提升你的表現。

## POINT

- 理解拖延的公式。
- 若想避免拖延，要增加期待與價值，減少時間與衝動性。
- 切割細分目標、累積微小的成功經驗可以提升期待。
- 正確理解價值及適度犒賞自己能夠提升價值。
- 切割細分目標可以減少時間。
- 維持身體健康有助於減少衝動性。

# 從心理學觀點分析「持之以恆的人」、「表現傑出的人」有何共通點

推薦書籍

**成功人士一定會做的9件事情：科學認證！這樣做，目標一定會實現！**

海蒂・格蘭特・海佛森／著
劉柏廷／譯
晨星出版

海蒂・格蘭特・海佛森……社會心理學家，哥倫比亞大學動機科學研究中心副主任，為動機與目標達成領域的權威。

## 參考成功人士的經驗

成功人士有一些共通的思考、行為，本單元將針對以下三項特質進行說明。

①訂立容易達成的目標。

②條件型計畫法。

③比完美更重要的事。

首先是①**訂立容易達成的目標。**

**容易達成的目標指的是具體明確的目標。**

想使目標具體，就要對於「目標為何」、「達成的期限」、「如何達成」、「達成後有何好處」、「過程中有何阻礙」等五個問題有明確的答案。

這五個問題都有具體的答案，便能提升達成目標的機率。

「目標為何」並非「變瘦」、「薪水變多」這種模糊的目標，而是像「變瘦五公斤」、「年收入增加一百萬圓」之類，盡可能用數字具體表示出來。

「達成的期限」則是訂出「八月以前達成」、「今年底前要達成」等時間，然後以「如果今年底前要達成，倒推回去的話，十一月以前要完成這些、十月以前要完成這些……」的方式訂出每個月的目標。

接下來再進一步切割細分，「從這個月的目標倒推，這週要完成這些和這些……」分別以年、月、週、日為單位，清楚列出自己該做的事。

關於第三個問題「如何達成」，如果目標是「在八月以前瘦五公斤」的話，那麼就要類似「這週先每天健走十分鐘」、「用堅果代替餅乾當點心」等，鉅細靡遺地訂出具體做法。

「達成後有何好處」同樣必須有清楚明確的答案。

「達成這個目標的話能改善生活」、「可以變得更有異性緣」、「家人、伴侶、朋友都會開心」、「會變得更喜歡自己」等，能具體知道達成目標後的好處十分重要。

訂立容易達成的目標所需要釐清的第五個問題，是「過程中有何阻礙」。

像是「雖然想變瘦，但減肥過程中可能會想吃點心」、「希望成績提升，但念書念到一半可能會想打電動」等。

第一步該做的，就是將可能會妨礙自己達成目標的事物列出來。然後，則是具體決定要以何種方式克服這些阻礙。

接下來要介紹的「條件型計畫法」能夠有效提供幫助，克服這些阻礙。

## 先想好遇到狀況時要如何因應

達成目標所需要做的第二件事是②**條件型計畫法**。

所謂的條件計畫法顧名思義，就是一種設定條件的計畫方式，只要**事先決定好「遇到這種狀況時，就要這樣做」，就能推導出具體的目標執行方式**。

像是「早上洗完臉以後要看十頁書」、「下午一點要確認信件」等，在實際執行前就先決定「符合這項條件時就要做這件事」。

比起單純決定「要看書」、「要回信」，將「幾點」、「早上一到公司」、「完成這項工作後」等條件與行為配成一組，能大幅降低自己偷懶不認真執行的可能性。

目前在心理學領域，已普遍將條件型計畫法視為一種有效的手段。而且應用條件型計畫法來克服達成目標時遭遇的阻礙，也有非常顯著的效果。

這種應用叫作「替代條件型計畫法」，方法是事先決定好「如果快要向阻礙（誘惑）屈服了，就去做某件事轉移注意力」，像是「如果想吃點心的話，就喝一杯水」、「想打電動的話，就去外面散步五分鐘」等。

這是藉由先決定好「當這樣這樣時，就要這樣這樣做」，讓人條件反射式地不經思考直接行動。也就是不給自己三心二意、猶豫不決的時間，逐漸養成「這種時候就這樣做」的良好習慣。

你也可以嘗試先設定好自己的目標，從目標往回推，打造最佳的條件型計畫法，這樣便能幫助自己具體達成目標。

## 透過「條件型計畫法」付諸行動以達成目標

**條件型計畫法能有效幫助你克服阻礙，達成目標**

### 替代條件型計畫法

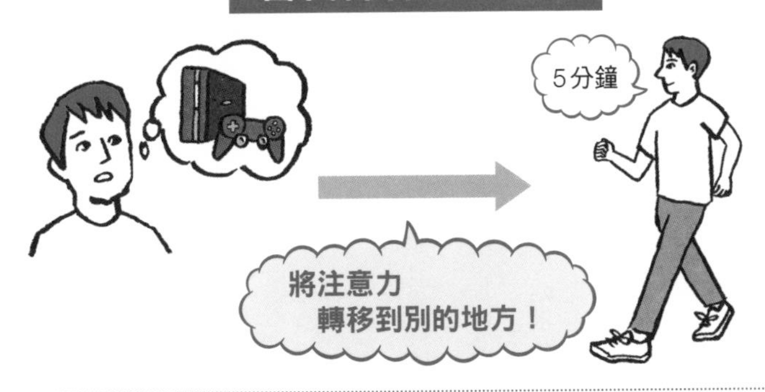


**條件型計畫法及替代條件型計畫法有效的原因**

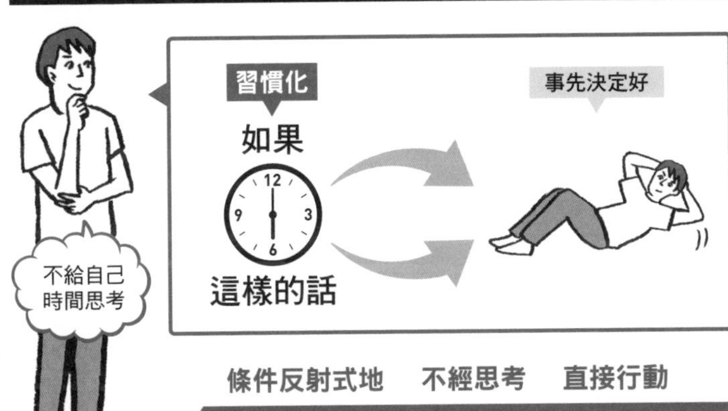


條件反射式地　不經思考　直接行動

**你也可以建立最適合自己的條件型計畫法！**

## 有所成長比完美更重要

至於③**比完美更重要的事**指的是「成長」。

比起完美地照表操課，**就長期來看，聚焦於自身的成長更容易達成目標。**

完美主義者有一個地方很危險。

那就是只要稍微出現狀況，沒有按照計畫發展的話，就會瞬間失去幹勁。

如果過於要求完美，當中途發現無法維持完美的瞬間，會容易產生自暴自棄的情緒，覺得「怎樣都無所謂了」而撒手不管。也就是追求完美反而會難以達成目標。

為了防止這種情況，最重要的思維就是「聚焦於成長」。像是「雖然稍微落後原本預計達成的進度，但我已經瘦了兩公斤了！」把重點放在自身的成長上。

**「只要有心，我一定能做到」的想法有助於提升幹勁，可以幫助我們追回落後的進度，帶**

**來更好的表現。**

若想防範於未然，降低因過度追求完美而在中途放棄目標的風險，應該聚焦於成長，而非堅持完美。

## POINT

■ 要訂立容易達成的目標，必須對「目標為何」、「達成的期限」、「如何達成」、「達成後有何好處」、「過程中有何阻礙」五個問題有具體的答案。
■ 條件型計畫法是指事先決定好如何因應特定狀況，讓自己迅速付諸行動，不要猶豫不決。
■ 若想避免稍微遭遇不順就完全放棄計畫的狀況，應該聚焦於「自己的成長」而非追求完美。

# 「不想虧錢」的心態會令人對金錢的判斷失去理智

推薦書籍

**為什麼撲滿比存摺容易存到錢？透過263個日常實驗，從心理學和行為科學解開消費、理財和借貸行為的真相，學會聰明用錢！**

克勞蒂雅・哈蒙／著
洪慧芳／譯
臉譜出版

克勞蒂雅・哈蒙……作家、電視及廣播節目主持人、心理學家、波士頓大學倫敦分校兼任講師。

## 存款太少會使得頭腦變差，影響表現

與金錢相關的心理學及腦科學知識不僅能提升表現，也會使人生更加多采多姿。

所謂與金錢相關的知識，是指「沒有存款會使頭腦變差」、「購物網站逛太久會吃虧」、「錢有聰明的用法」這三件事。

沒有存款會使頭腦變差，是因為如果一直存在「沒錢」的不安及壓力，關係到聰明及活力的前額葉皮質會無法正常運作，造成ＩＱ及判斷力下降、衝動行為增加。原因在於前額葉皮質是負責掌管幹勁、專注力、記憶力、理論性思考、客觀性思考、行為及情緒的控制、溝通等的部位。

**前額葉皮質發達的人在做選擇時，會考量長期得失而非眼前的利益，社會地位及經濟地位通常較高。**

前額葉皮質無法正常運作的可怕之處在於會陷入「沒有錢所以頭腦變差↓頭腦變差了所以變得更沒錢↓結果使得頭腦變更差」的惡性循環。貧富差距也是因為這種惡性循環而產生的。

因此我們應該做的，是確保「適量的儲蓄」。能讓自己安心的儲蓄金額因人而異，**只要擁有對自己而言適量的儲蓄，就能防止頭腦機能下降。**

另外，減少開銷和擁有存款同等重要。原因是每個月開銷低的人，與金錢有關的不安會比較少。例如，每個月只要十萬圓就能生活的人和需要三十萬圓的人，便有相當大的差異，只花十萬圓的人在許多方面都比較佔優勢。

想減少開銷的話，重點在於房租、水電瓦斯費、電話費等每個月固定的支出，最好盡量減少固定支出，這樣才能有效節省開銷。

餐費、交際費、娛樂費等如果忍耐一下的話還可以減少，但房租及電話費之類的費用不是「這個月稍微忍一下」就可以減少的，因此應該嚴格控制固定費用的支出。

## 「不想虧錢」的心態會影響理性判斷

其實，我們很難對金錢做出理性的判斷。

舉例來說，相信有不少人很在意隨手關燈這件事，但對於去便利商店買零食吃卻缺乏節制，這樣並不理性。就算燈開著五個小時忘了關，電費頂多幾十圓而已。但零食這種東西不僅不是非吃不可，從健康觀點來看更是扣分。雖然努力節省水電費，零食卻不假思索地買下去，這種行為充滿了矛盾。原因就出在無法正確解讀自己的消費行為、做不出理性判斷。

而且在金錢方面，我們尤其容易犯一種錯誤，那就是對損失過於敏感。這是造成我們對金錢的態度不理性最大的原因。

例如，為了盡量避免損失，我們常會花好幾個小時逛遍各種網站，或是一間一間店比價等，想用最便宜的價格買到東西。

理性來想，花在上網的時間如果用來經營副業、念書、從事自己喜歡的休閒活動等，人生會更充實，這樣才是聰明使用時間的方式。

就算花好幾個小時比較價格，省下來的錢大概也只有五百圓、一千圓而已。經營副業或提升技能、念書的話，輕輕鬆鬆就能賺到這個金額。

**人都「不想要虧錢」，因此會做不出理性的判斷，容易做出各種非理性的決定。**只要知道了這個道理，就能為你創造優勢。當自己快要做出不理性的決定時便有辦法告訴自己冷靜下來，做出有利的選擇。

## 用錢換取經驗能夠豐富人生

**聰明的用錢方式，是將錢花在經驗，而非物品上。**購買物品所得到的滿足感很快就會減少，但購買經驗得到的滿足感不僅不容易減少，還會隨著時間而美化。「經驗」容易在後來被美化，和腦部的特性有關。因此從長期來看，比起用錢購買物品，購買經驗的CP值更高，並能夠豐富人生。

沒吃過的食物、搭載最新功能的３Ｃ用品、電動牙刷等都是能夠豐富經驗的物品。至於洗脫烘衣機、洗碗機等則屬於節省時間的家電，同時也是經濟且理性的選擇。能夠帶來新經驗的物品，滿足感也會維持更久。

另外也最好設法壓低管理物品的成本。**物品的管理成本可分為「金錢」、「地點」、「腦容量」三方面來看。**

**「金錢」**是指購買費用及維護費用，**「地點」**是指擺放物品的空間。而**「腦容量」**則是花在物品上的心力，像是「浪費心力在煩惱該不該買某樣東西上」、「如果能做到只買必要的東西，就不用花心思煩惱了」、「不喜歡花多餘心思去想如何收納物品」等。

例如，衣服太多的話，每天就必須花心思挑選要穿哪件衣服，也得煩惱沒什麼在穿的衣服是不是該丟了。

**少一點這種沒有生產力的煩惱，會讓人生更豐富。**

畢竟，在充斥著各種物品資訊的現代，如果不將自己不需要的物品或資訊阻絕在外，過多的資訊會使頭腦疲倦，影響到表現。

**POINT**

- 沒有存款所造成的不安及壓力會導致前額葉皮質機能下降，頭腦變差。
- 了解「人很難對金錢做出理性的判斷」這件事，有助於做出理性的行為決策。
- 錢要用來購買「經驗」。物品帶來的滿足感會很快減少，但經驗帶來的滿足感不僅不易減少，還會隨著時間而美化。

# 第 6 章

從「價值觀、內心」做起，
創造你的最佳表現！

## 客觀掌握自己的價值觀，就能減少「人生的無謂時間」

推薦書籍

**零盲點的決定力：Google、Amazon最重視的用人準則**

Mentalist DaiGo／著
林琬清／譯
方言文化出版

Mentalist DaiGo……研究人工智慧記憶材料類材料科學。身分包括企業的商業顧問及商品開發、作家、大學特聘教授等。

### 客觀掌握自己的價值觀

所謂的價值觀，指的是「對自己而言重要的事物」。

釐清自己的價值觀，能提高工作生產力、提高抗壓性等，有助於提升表現，並更加滿意自己的人生。

了解價值觀需要的是**客觀分析能力**。

原因是**以客觀角度看待自己，能夠更清楚知道自己的價值觀**。

如果想要以客觀的角度了解自己的價值觀，不妨參考《零盲點的決定力：Google、Amazon最重視的用人準則》這本書中提供的「價值觀量表」。透過這份價值觀量表，能夠相對正確地掌握到自己重視的價值觀。

本單元會說明如何運用此量表養成客觀分析能力，希望你能跟著一起學習。

這份價值觀量表列出了八十條大多數人常見的價值觀，首先從裡面選出自己覺得重要的十條。

然後，將這十條排出一至十名的名次。接下來則是再進一步深思，自己為何覺得這些價值觀重要。

這便是透過價值觀量表客觀掌握自身價值觀的方法。

由於將該書中提到的八十條價值觀全部列出來太佔篇幅，因此我只挑選了其中四十條。請你從中找出對自己而言最重要的十條價值觀。

| | |
|---|---|
| 1 | 健康 ➡ 身體狀況良好 |
| 2 | 愛 ➡ 愛身邊的人，也被身邊的人所愛 |
| 3 | 家人 ➡ 建立幸福的家庭 |
| 4 | 友情 ➡ 擁有親密的朋友 |
| 5 | 人氣 ➡ 受到許多人喜歡 |
| 6 | 戀愛 ➡ 轟轟烈烈的愛情 |
| 7 | 性愛 ➡ 擁有滿意的性生活 |
| 8 | 熟練 ➡ 對工作嫻熟 |
| 9 | 勤勉 ➡ 做事全力以赴 |
| 10 | 成長 ➡ 在精神或技能面有所成長 |
| 11 | 知識 ➡ 學習、創造出有價值的知識 |
| 12 | 貢獻 ➡ 對他人有幫助 |
| 13 | 名聲 ➡ 成為知名人物，受到肯定 |
| 14 | 義務 ➡ 盡義務與責任 |
| 15 | 達成 ➡ 達成重要事項 |
| 16 | 權威 ➡ 負責教導指揮他人 |
| 17 | 創造 ➡ 發想出嶄新的創意 |
| 18 | 美 ➡ 感受身旁各種美的事物 |
| 19 | 魅力 ➡ 擁有迷人外表 |
| 20 | 體力 ➡ 擁有強健的身體 |

| | |
|---|---|
| 21 | 閒暇 ➡ 可以放鬆享受屬於自己的時間 |
| 22 | 歡愉 ➡ 開心玩樂 |
| 23 | 舒適 ➡ 追求舒適 |
| 24 | 安定 ➡ 過穩定安心的生活 |
| 25 | 單純 ➡ 過極簡生活 |
| 26 | 孤獨 ➡ 擁有獨自一人的時間與空間 |
| 27 | 自治 ➡ 自己的事由自己決定、執行 |
| 28 | 興奮 ➡ 擁有快感與刺激 |
| 29 | 開放 ➡ 擁有新的體驗、想法、選項 |
| 30 | 變化 ➡ 過豐富多元的生活 |
| 31 | 庇護 ➡ 照顧他人 |
| 32 | 熱情 ➡ 對某項事物懷抱熱情 |
| 33 | 禮儀 ➡ 活得謹慎有禮 |
| 34 | 合理 ➡ 重視理性與道理 |
| 35 | 現實 ➡ 行為講求實際 |
| 36 | 寬容 ➡ 心胸開闊寬容 |
| 37 | 信仰 ➡ 思考超越自身存在的意識 |
| 38 | 正直 ➡ 活得誠實 |
| 39 | 希望 ➡ 活得正向樂觀 |
| 40 | 歡笑 ➡ 喜歡幽默詼諧的人生及世界 |

節錄自《零盲點的決定力：Google、Amazon最重視的用人準則》（Mentalist DaiGo著）

## 價值觀能在你迷惘時提供方向

量表中的某些價值觀或許會讓你覺得「這一點都不重要」，但你完全不放在眼裡的事情對他人而言，有可能是最重要的價值觀。

價值觀這種東西就是如此多元。而且，價值觀甚至有可能隨年齡改變。

這多達八十條的價值觀是來自於第三者，因此能讓你由客觀而非主觀的角度了解自己（如果想用完整的價值觀量表進行分析，請務必親自閱讀《零盲點的決定力：Google、Amazon最重視的用人準則》）。

至於我自己選出的前十名價值觀則是第一名「成長」，第二名「健康」，第三名「自治」，第四名「閒暇」，第五名「合理」，第六名「達成」，第七名「知識」，第八名「舒適」，第九名「孤獨」，第十名「正直」。

像這樣釐清自己的價值觀，可以減少人生的迷惘。例如，我的第一名是「成長」，因此在不知如何做決定時，選擇看起來比較能使自己成長的那條路，就應該比較不會令自己後悔。

**價值觀能夠在迷惘時提供方向，非常有幫助。**另外，排好自己的前十名後，別忘了進一步深思，每一條價值觀對你而言重要的原因為何。

## 藉由客觀分析能力了解價值觀，提升表現

深入剖析透過客觀角度得知的自我價值觀，讓我清楚認識到一件事。那就是「我認為健康是最重要的」。

用圖來表示的話，最重要的健康是一切的基礎。在此之上是名為「價值觀」的基礎，然後則是工作、金錢、人際關係、興趣這四根支柱。支柱之上的頂點承載著幸福，我對幸福的看法便是這樣一幅構圖。

換句話說，幸福的基礎是工作、金錢、人際關係、興趣，而這四項事物的基礎則是價值觀與健康。

當然，工作、金錢、人際關係、興趣並不需要全都追求滿分，這四個方面要做到何種程度才能提升幸福感，取決於每個人的價值觀。

我認為健康是一切的基礎，原因在於維持健康有三大好處，分別是：

①不會生病。

②提高生產力（表現）。

③提升幸福感。

其中最重要的就是③。只要身體健康、狀態良好，我們的幸福感就會提升，這是已知的事實。

而且不生病的話就不會產生醫藥費、住院費等金錢支出，身體不用受病痛折磨，也不會令身邊的人擔心或造成其困擾。

身體及頭腦健康的話，生產力就會提升，頭腦得以維持在良好狀態，工作表現也會更好，並改善人際關係。

健康是一切的基礎，因此最重要的事就是維持良好的健康，盡可能使身體及頭腦處在最佳狀態，再來則是要了解自己的「價值觀」。

了解自己堅定不移的價值觀為何，能幫助你節省寶貴的時間，並活得更加充實。至於價值觀則可以透過客觀分析能力加以掌握。

**POINT**

- 釐清價值觀能夠提升工作生產力、增加抗壓性、更滿意自己的人生。
- 價值觀量表能幫助你確定自己的價值觀為何。
- 健康是最重要的。在健康與堅定的價值觀這兩項基礎之上，打造工作、金錢、人際關係、興趣四根支柱，上方的頂點承載的便是幸福。

# 透過「課題的分離」讓自己從認同需求中解脫，人生會更順遂

推薦書籍

**被討厭的勇氣：自我啟發之父「阿德勒」的教導**

岸見一郎＆古賀史健／著
葉小燕／譯
究竟出版

岸見一郎……研究阿德勒心理學，並積極從事執筆、演講等活動。
古賀史健……自由撰稿人，batons股份有限公司負責人。

## 擺脫認同需求，活出自己的人生

阿德勒心理學認為，**獲得幸福的方法之一是拋開認同需求**。

首先，我要就阿德勒心理學做一些補充。阿德勒心理學是奧地利精神科醫師、心理學家阿爾弗雷德・阿德勒（一八七〇～一九三七）提倡的心理學，核心思想是「人的行為皆有目的，若想獲得幸福要拿出勇氣」。

目前坊間也出版了許多阿德勒的著作，若想進一步了解，不妨自行參閱。

阿德勒認為，拋開認同需求是活得幸福的重要一步。

而**「課題的分離」**則能有效幫助自己拋開認同需求。

這個觀念對於提升我們的表現也很有幫助。

所謂的認同需求，指的是「想受到周遭的人認同、尊敬、喜愛」這種存在於每個人的需求。被這種認同需求控制，就等於是在為他人而活。

人是一種社會性動物，在與其他個體合作的過程中繁榮興盛。為了生存下去，必須受到其他個體認同、喜歡，成為共同體的一分子。

但請你想像一下，被認同需求困住的人生會變成什麼樣子：

「想受到大家肯定，所以去念知名大學、去大企業上班。」

「想受到大家認同，所以拍美美的照片上傳ＩＧ，希望得到很多讚。」

「拼命加班，希望主管及同事覺得我很努力、重視我。」

人生愈是像這樣受困於認同需求，就愈沒有自己的人生，而是在為他人而活，因為這樣的人生只是在滿足他人期待而已。

阿德勒心理學提倡「不要為滿足他人的期待而活，要多重視自己」。不在意其他人的看法，照著自己的意思活會比較快樂，而且還能提升表現。

## 將心思放在自己能控制的事情上

阿德勒認為想拋開認同需求，必須做到「課題的分離」，而「課題的分離」是指**將自身的課題與他人的課題區分開**。

自身的課題是自己能控制的事物，他人的課題則是自己無法控制的事物。

例如，「在公司努力工作」是自己能控制的，屬於自身的課題。至於「主管會如何看待我的努力」則是自己無法控制的，屬於他人的課題。

像這樣將自己能控制的部分與無法控制的部分分開思考，便是「課題的分離」。

因此，「身邊的人認同自己」、「受到他人喜愛」這些認同也都是他人的課題。

也就是**不要對能否得到認同這種自己無法控制的事耿耿於懷，而是應該專注在自己能夠控制的部分。**

付出時間及心力在自己能控制的部分，才容易讓人生過得幸福。

自己能控制的部分包括了「親切待人」、「工作或學業拿出好表現」、「減肥」等等，在這些事情上努力，周圍的反應也會漸漸變得不一樣。

面對所有事物，運用「課題的分離」觀念思考「這是否在我能控制的範圍內」，就能夠開創幸福的人生。

阿德勒心理學提供了許多類似這樣讓人生過得更好的指引，我認為「課題的分離」的觀念尤其重要。

反過來說，自己無法改變的事情、自己無能為力的部分，只有忽視一途。

至於自己能夠控制的部分，則要認真面對。

例如健康就是只有自己能做出改變的，這是幾乎百分之百可以自己控制的部分。

透過良好的飲食、睡眠、運動讓健康維持在絕佳狀態，能夠安定心神、提升表現，進而創造工作或學業取得佳績。

因此可知，將「自身的課題」與「他人的課題」有效分離，有助於建立讓人生變得更加幸福的良性循環。

「課題的分離」是指將自身的課題與他人的課題區分開來

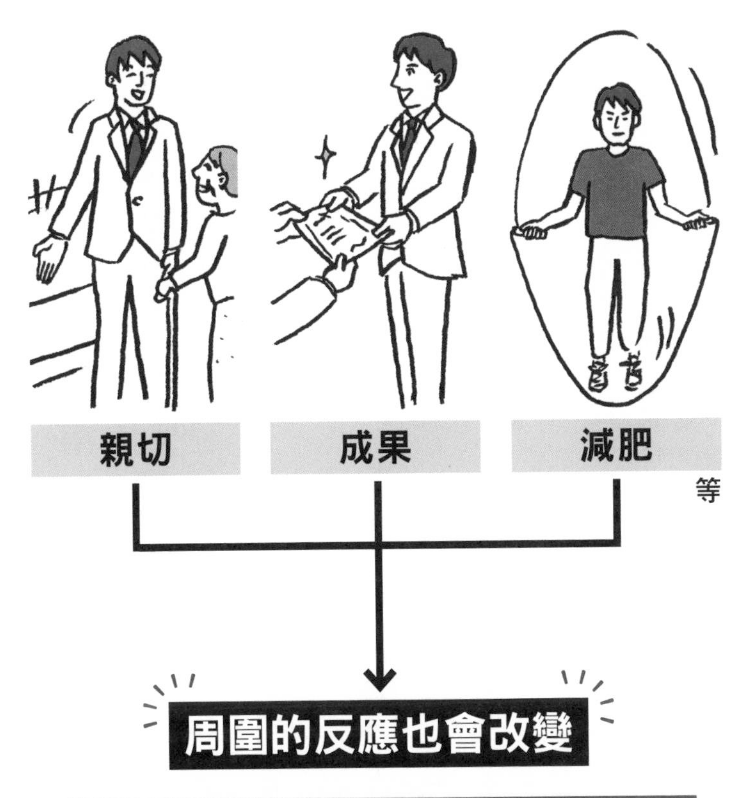

## 成為「自己想相處的人」表現也會提升

我認為，想要提升表現、打造幸福人生，人際關係十分重要。

但人際關係並非百分之百都是自己能控制的。

對於自己無法百分之百控制的部分不要抱太高期待，願意採取妥協的態度也是必須學會的功課。

像是提升健康及內在、取得亮眼成績等，幾乎完全能由自己控制的事物拿出認真的態度面對，以平常心處理各種課題的過程中，便會逐漸獲得他人的肯定，或是有好機會造訪。

俗話說「物以類聚」，若你能成為你自己想要相處的那種人，你的身邊也會聚集類似的人，畢竟人都喜歡與自己類型相近的人。

換句話說，若你覺得「我想和這種人相處」、「我想要這樣的同伴」、「如果能有這種主管、這種交往對象就好了」，**首先你必須努力成為自己想遇到的那種人。**

像這樣投入心力在自己可以控制的部分上，相信你的表現也會自然而然得到提升。

## POINT

- 人生若是受困於認同需求，等於在為他人而活。獲得幸福的方法之一，就是讓自己從認同需求中解脫，專注於自身及適合自己的幸福形式。
- 做到「課題的分離」有助擺脫認同需求。課題的分離是指將「自身的課題」與「他人的課題」區分開來。自身的課題是自己能夠控制的部分，他人的課題則是指自己無法控制的部分。
- 應該專注於自己能夠控制的自身課題上。

# 設法減少生活所需的運轉費用，要當生產者而不是消費者

推薦書籍

**無敵思考**
**開創吃香人生，CP值最高的21條法則（暫譯）**

無敵の思考
誰でもトクする人になれる
コスパ最強のルール21

Hiroyuki／著
大和書房出版

Hiroyuki……本名西村博之。設立了匿名留言網站「2ch」並擔任管理者。現擔任東京PLUS股份有限公司董事長、未來檢索Brazil有限公司董事等職。

## 沒有錢也能活得快樂

若要問人究竟是為什麼而活，我想「在死亡來臨前盡可能快樂地活著」應該是許多人都能接受的答案。

「在死亡來臨前盡可能快樂地活著」意味著「要盡量增加快樂的事，減少不快樂的事」。因此，接下來要探討的內容，便以我們活著的目的是「盡量增加快樂的事，減少不快樂的事」做為前提。

即使沒有錢也能活得幸福就等於處在「無敵」的狀態。**想成為無敵狀態，則必須減少人生的運轉費用，以及成為生產者。**

運轉費用指的是維持費，也就是生活費。

絕大多數的人隨著年齡增加，薪資也會有所成長，於是生活水準隨之提升。像是住更好的房子、吃更好的東西等，出手也更闊綽。但如果因為薪資成長而把生活水準拉高的話，存款就無法增加，而且每個月都得努力賺錢。

如此一來，我們會變得難以拒絕自己不喜歡的事。就算再討厭現在的工作，為了賺錢還是只能硬著頭皮做下去。相反地，運轉費用低或是有積蓄的人，就能夠擺出「大不了辭職換份工作」的姿態。

也就是運轉費用低的人比較容易對不喜歡的事開口說「不」。對於「盡量增加快樂的事，減少不快樂的事」這個目標而言，這樣才是合理的。

許多人在薪資成長後便會提高生活水準，然後為了維持生活水準而工作，但其實不要提升生活水準才能豐富人生的選項。

## 要當「生產者」而不是「消費者」

**為了降低運轉費用，應該追求透過生產得到幸福，而非透過消費得到幸福。**消費者與生產者的差別，與人生的幸福感有很大關係。

要消費就需要錢。不賺錢的話，就無法買名牌貨、住好房子，進行各種奢侈的消費行為。為了賺錢而從事的工作如果做得開心倒還無妨，若是不喜歡自己的工作，人生就辛苦了。

假設一週工作五天，如此一來便會陷入心不甘情不願地上班五天，然後在週末兩天花錢發洩、紓解壓力，接下來又得工作五天的惡性循環。

這種當消費者的人生不會增加積蓄，只會使人對未來愈來愈不安，而且對「盡量增加快樂的事，減少不快樂的事」的目標而言，不快樂的事太多了。

至於生產者則是能透過生產得到幸福。光說「生產」可能感覺很籠統，但其實包括了繪畫、攝影、唱歌、製作影片等各種不同行為。生產基本上大多是不花錢的，或者只需要進行初期投資，而且只要多花一些心思的話，甚至可以藉此賺錢。換句話說，生產者不僅不太花

為了賺錢而從事的工作如果做得開心倒還無妨

**但若做得不開心，人生就辛苦了**

存款不會增加，
對未來愈來愈不安……

用花錢宣洩
五天來的壓力

**消費者與生產者的差別，**
**與人生的幸福感有很大關係！**

錢，反而還能在賺錢的同時獲得幸福，並有機會增加儲蓄。對於「盡量增加快樂的事，減少不快樂的事」的目標而言，生產者的生活方式才是合理的。

## 成為「生產者」獲得幸福人生

即使不是生產者，還是有方法可以降低人生的難度。

那就是**從事免費的娛樂**。現今的世界非常便利，找得到各種免費的娛樂。

例如，圖書館可以免費借書，手遊也有很多是不用錢的。另外，YouTube上各種頻道的影片都可以隨意觀看，重訓及運動也算是不花錢就能從事的興趣。現在還有Netflix之類只需少許費用，就能無限制觀看電影及動畫的服務。

相信你也能從這種免費或低花費的娛樂中，找到讓自己熱衷的事物。

雖然這些都不是生產性活動，但不需要花太多錢就能得到幸福，大幅降低了人生的難度。

當薪資成長後便提升自己的生活水準，成為消費者的人在當今的世界上屬於多數，因此許多人也不自覺地選擇了這種生活方式。

如果能做到「盡量增加快樂的事，減少不快樂的事」，這樣自然沒有問題，但若並非出於自己的選擇，只是隨波逐流的話，或許有些人反而會覺得快樂的事變少了，不快樂的事增加了。

雖說是取決於個人的價值觀，但**成為能夠依自己的意思快樂生活的生產者，可以讓人持續發揮好表現並得到幸福**。

**POINT**

- 人應該為了「盡量增加快樂的事，減少不快樂的事」而活。
- 雖然未必每個人都認同，但要減少人生的運轉費用才會幸福。
- 要當生產者才會過得幸福，但這同樣取決於個人的價值觀。

# 認識「八十／二十法則」並加以應用，能讓人生受益

推薦書籍

**80/20法則：商場獲利與生活如意的成功法則**

理查・柯克／著
謝綺蓉、趙盛慈／譯
大塊文化出版

理查・柯克……創業者、投資人、經營顧問、作家。

## 找出重要的「二十」，提升表現

八十／二十法則指的是「全世界百分之八十的財富集中在百分之二十的富人手上」、「公司百分之八十的業績是由百分之二十的商品創造的」之類的現象。換句話說，**經由統計學分析所有數據後得出來的結論就是「成果中有百分之八十是由百分之二十的原因創造出來的」。**

但實際上百分之二十的原因未必一定能帶來百分之八十的成果，這個比例有可能是「九十／十」、「七十／三十」，略有變動。由於平均起來大約是「八十／二十」，因此稱為「八十／

二十法則」。

例如，「只需要既有詞彙中的百分之二十，便足以進行百分之九十九的日常對話」、「每年新上映電影中的百分之一點三佔了所有電影票房的百分之十」、「百分之二十的人製造了離婚總件數的百分之八十（也就是百分之二十的人經常結婚、離婚）」等，八十／二十法則適用於所有事物，非常值得探討。

而我們應該從八十／二十法則學習的是，**要懂得判斷一件事情最重要的百分之二十的部分。**

## 把資源集中在對的地方

根據八十／二十法則，百分之二十的原因創造了百分之八十的成果，剩餘的百分之八十原因只創造出了百分之二十的結果。換句話說，原因是具有關鍵決定性的百分之二十與重要性不高的百分之八十組成的。

不論在哪個領域，成為贏家的，都是找出了這百分之二十，並將心力投入在此的人。

這也很合理，畢竟用百分之二十的力創造出百分之八十的成果，等於是得到了投入的心力四倍的成果。相對地，付出百分之八十的心力只能獲得分之二十的成果，代表只換來了努力量的四分之一。也就是這重要的百分之二十與重要性不高的百分之八十間的差距，有十五倍之多。這是個驚人的數字，而且意味著**有些人再怎麼努力也很難有好成績，但有些人只需少許努力便能創造巨大的成果**。因此我們必須要做的，就是找出重要的百分之二十，並將心力全部集中在此。想要以微小的努力取得巨大成果的人，或在工作上繳出亮眼成績的人尤其要具備這種判斷能力。

**找出最該投入的部分，並集中付出自身的努力**才是有效率的方法，而非設法提升努力的平均值。

## 學會判斷何者重要、何者不重要，豐富自己的人生

「八十／二十法則」帶來的啟發是「不要分散自己的努力，應該做出取捨選擇」、「時間是有限的，要盡可能最有效運用」。八十／二十法則與近年來流行的極簡主義其實也頗為相

似。極簡主義是一種只留自己真正需要的東西在身邊，盡可能排除多餘物品的思維、生活方式。極簡主義與八十／二十法則的共通之處在於**「真正重要的東西其實沒那麼多」、「判斷何者重要、何者不重要，在重要的事物上付出更多心力」**。

著名詩人，同時也是科學家的歌德也曾留下這麼一句話：「不要為了無聊的東西犧牲重要的事物。」

「八十／二十法則」告訴我們，原因與結果、努力與成果間的關係往往是不成比例的，相信你應該也能從中得到提升日常表現、豐富人生的啟示。

## POINT

- 眼光要放在重要的二十，而非無關緊要的八十上。
- 找出最該投入心力的部分，在此努力耕耘能有效提升表現。
- 重要的事物其實並不多，找出重要的事物並努力投入能讓你成為人生的贏家。

## 得到幸福需要「人的資本」、「金融資本」、「社會資本」三項資本

推薦書籍

**人生是可以攻略的 從今往後你們該如何活下去？（暫譯）**

人生は攻略できる 君たちはこれから どう生きるか

橘玲／著
POPLAR社出版

橘玲……作家。

### 建立自身特質就能享受人生

想要享受漫長的人生，就應該把喜歡的事當成工作。**要把喜歡的事當成工作，必須建立自己的「特質」**。特質是指一個人擅長的事、個性、特色。

人可以藉由建立自身特質吸引異性的注意，或是得到身邊的人肯定、認同。而且，符合自身特質的工作絕大多數都會是自己喜歡的工作。特質有許多種，像是領袖氣質、逗趣、帥氣、愛照顧人、熱血等，人都希望能藉著建立特質將「自己」與他人差異化，並得到他人的

肯定及認同。

其實這是一種人類身為社會性動物與生俱來的本能，怎麼躲也躲不掉。前面提過，人類形成社會，也就是社群相互合作，繁衍傳承了數百萬年。因此，**藉由建立特質以在社群內將自己的存在價值差異化，並吸引注意、獲得肯定是我們的本能**。

例如，擅長凝聚、帶領眾人的人會自然而然發展出領袖氣質；有幽默感的人會表現出逗趣的特質；個性溫柔體貼的人則有愛照顧人的特質等等。

一個人的性格及擅長的事會像這樣影響自己的特質，但「擅長的事」又是如何決定的呢？

## 資質與環境決定了「擅長的事」

一個人擅長什麼事，取決於**「資質」**與**「環境」**。例如《哆啦A夢》（藤子・F・不二雄著）中有「胖虎」與「出木杉」這兩個角色。

胖虎長得高大、有力氣，運動神經很好。因此胖虎在運動方面有好表現，受到眾人矚目。但胖虎並不擅長念書，就算努力了，成績也不亮眼。運動能讓自己出風頭，所以覺得開心↓

因此更加努力↓於是愈來愈擅長運動。但就算用功念書，成績也不出色，結果便愈來愈討厭念書。雖然擅長與不擅長的項目之間一開始差距並不大，但卻會漸漸地愈差愈多。

接著來看另一個角色出木杉。出木杉對於運動和念書都很拿手，運動方面他與胖虎算是不相上下，念書的話則是第一名。在這樣的環境中，用功念書比運動更能讓出木杉成為目光焦點，因此他更喜歡念書。

以上雖然屬於極端的例子，但大致上每個人擅長的事，都是由天生的資質與成長環境決定的。哪怕只是些微之差，人在小時候就會敏銳地感覺到自己比其他人優秀的地方，並進一步加強自己的長處，建立起自身特質。

這是一種本能，因此**基本上人只要在自己喜歡或擅長的事情上努力下工夫就會有好表現，並創造出進而更加擅長、更加喜歡的良性循環。**

## 投入大量時間在喜歡的事情上

不論在任何領域，想要成為頂尖都必須付出龐大的時間練習、努力耕耘。

有一項理論叫作**「一萬小時定律」**，認為要成為「頂尖」的話，總練習、訓練時間必須到達一萬小時。這項理論是麥爾坎・葛拉威爾引用心理學家安德斯・艾瑞克森教授的研究所提出的。根據一萬小時定律，假設每天練習九十分鐘，要花二十年才能達到頂尖。但也有意見認為「這項理論缺乏科學根據」、「不是光付出時間就好」。無論如何，在任何領域想要達到頂尖、取得成功，都必須付出大量努力這一點是不會變的。而讓人願意付出大量努力的事，就代表是自己喜歡或擅長的事。

因此，盡早發現自己喜歡、擅長的事，並付出時間及努力在這上面是最好的。或許用「全心投入並樂在其中」來形容會比「努力」更為貼切。

如此一來，在該領域達到頂尖並取得佳績便成了合理的人生選擇。

另外，活在這個時代的年輕人必須正視一項事實，那就是我們將會非常長壽。

林達・葛瑞騰與安德魯・史考特兩人合著的暢銷書《The 100-Year Life: Living and Working in an Age of Longevity》（Bloomsbury出版）當中提到的「人生百年時代」這個詞，成為了熱門關鍵字。許多現在的年輕人未來可能會活到一百歲左右，為因應此趨勢，許多狀況也變得與過去不同，像是退休年齡由六十歲延後至六十五歲，以及政府鼓勵副業或資產運用等。

目前二、三十歲的年輕人很有可能到了七十歲以後仍以某種形式持續工作。

換句話說，這樣等於人生有將近五十年的時間在工作。如果做一份自己不喜歡的工作達五十年之久，對身體及心理自然都不好。會想要盡可能把自己喜歡、擅長的事當成工作是很正常的。

世界上有很多工作，相信一定會有適合你的。因此要趁二十多歲或三十出頭時多嘗試自己有興趣的工作，若能在一次次的錯誤中學習，找到適合自己的工作，人生會更快樂。

尋找適合自己的工作有一項訣竅，那就是參考自己過去至今的特質。

「從過去就喜歡與人接觸」、「喜歡當領導者帶領別人」、「適合扮演輔佐者的角色幫助他人」等，回顧過往從自己的特質來思考，說不定很快就能遇見你的天職。

**在三十歲出頭以前多加嘗試、在錯誤中學習以發現自己「喜歡」、「擅長」，願意一頭栽進去的事物能夠提升表現**，也是享受人生百年時代的必要條件。

POINT

- 人之所以想要建立特質，是因為人是社會性動物。人類是藉由建立特質生存下來的，因此這已經成為了本能。
- 一個人擅長的事及特質是由「資質」與「環境」決定的。
- 想在一個領域達到頂尖，必須付出練習一萬小時等超乎常人的努力。但也要是自己喜歡或擅長的事，才有辦法超乎尋常地努力。

# 累積「技能、人脈、自我理解」為未來做準備

推薦書籍

**人生主軸**
**在人生100年時代該如何自由轉換跑道，迎向無拘無束的未來**
**（暫譯）**

ライフピボット
縦横無尽に未来を描く
人生100年時代の転身術

黑田悠介／著
Impress出版

黑田悠介……職涯顧問、Discussion Partner。

## 做好轉換人生方向的準備

人生的「規則」在未來將會因為「人生長期化」、「生活型態短期化」、「世界加速變化」而大為不同。

**「人生長期化」**就像「人生百年時代」這個詞所表達的，人類活到一百歲的可能性愈來愈高，工作的期間也將增加十年以上，因此退休年齡勢必得往後延。

**「生活型態短期化」**則是指由於人生變長，轉職及從事副業成了稀鬆平常的現象，生活型

態頻繁改變，時間跨度也因而變短。

**「世界加速變化」**則可以用「累積五千萬名使用者所花費的時間」這個觀點來理解。飛機累積五千萬名使用者花費了六十八年，汽車則是六十二年。後來出現的電話為五十年，信用卡二十八年，電視二十二年，電腦十四年，手機十二年，網際網路七年，iPod四年，YouTube四年，Facebook三年，Twitter兩年等，變化正在加快。

這是因為既有的智慧型手機與網際網路等創新支撐起了下一波創新，形成所謂的「連鎖創新」。連鎖出現的創新使得世界變化的速度呈指數型成長。

由於這三大因素改變了人生的規則，因此我們也不得不改變生活型態。想要提升表現的話，自然也得考量這三項因素。

過去很流行針對未來訂立「職涯計畫」，但因世界變動劇烈，已經無法再一步步照著計畫走，訂立職涯計畫在現在已經沒什麼意義了。

既然「計畫」已經失去意義，做好能夠因應變化的準備才有用。也就是要有**「人生主軸」**以面對人生的轉向。

面對未來變化，最重要的準備就是「三項累積」。

## 累積「技能、人脈、自我理解」

**「技能、人脈、自我理解」**這三樣東西是我們最該累積的，以下就依序來看。

首先要提醒自己累積能夠提供價值的**「技能」**。技能可分為技術性技能、人際關係技能、概念性技能三類。

技術性技能是用來解決課題的技能，像是程式設計、寫作、行銷、銷售、企劃等。

而人際關係技能是有助於維持良好人際關係的技能，包括對話、聆聽能力、協調、領導能力、簡報、管理等。

至於概念性技能則可以再細分為「邏輯思考（理論性思考）、水平思考、批判性思考、多面向觀點、靈活性、包容性、求知慾、探索心、應用能力、洞察能力、直覺能力、挑戰精神、綜觀全局的能力、前瞻性」等十四個項目。

我們要做的，就是培養、累積這三類技能，以貢獻價值。

第二項要累積的是遍佈四方、多元的人際網絡，也就是**「人脈」**。這是因為透過人脈能夠獲得新的資訊及機會。建立人脈的重點在於將「信用」與「信任」分開思考。

「信用」是指實績及頭銜等客觀評價，透過提供價值、逐步建立實績能夠累積信用。「信任」則是建立了深厚關係的人脈、家人及朋友、同事等的主觀評價，取決於自身的主觀思考。信任可以藉由一同工作、一起吃飯等共同行為建立起來。逐步蓄積「信用」與「信任」能夠有效經營人脈。

第三項要累積的則是**「自我理解」**，這指的是透過經驗真實了解自我。人生想要過得幸福、快樂，就必須要自我理解。感受自己的喜好、歡愉及艱辛等，深入了解自身價值觀能令人生更充實。

想做出一番成績的話，做自己喜歡的事或能夠忘我投入其中的事是最好的，但若不了解自己，便做不到這一點。清楚明確地了解自己，你就會知道該往哪個方向前進。

## 藉由累積經驗讓自己在多變的時代中生存

像這樣累積「技能、人脈、自我理解」，可以幫助你做好準備，面對變化的到來。因為「技能」與「人脈」是前進的手段及能量，而「自我理解」則提供了前進的方向。以汽車來比喻的話，技能及人脈就像讓車子動起來的油門，自我理解則是決定要往哪裡走的方向盤。

**在人生規則出現巨大改變的今日，累積這「三大法寶」可幫助你做好準備，在任何狀況下都能靈活變換方向。**

希望你今後在工作時提醒自己累積這三項技能，創造更好表現。

人生的「規則」變得大為不同，未來不再能夠預測其實並不是問題。既然未來無法預測，我們該做唯一一件事就是「做好準備」——累積三大法寶，在動盪的時代隨機應變，確立自己的人生主軸活下去。這個方法能讓人生無比充實。

對於人的壽命變長、退休時間延後，我其實是正面看待的。

因為這代表我們能夠嘗試各種不同的工作，在不同的時間、地點認識許多人。

我希望大家都能認真做好眼前的工作，藉此累積經驗，做好迎接變化及轉換方向的準備。

這就是在面對未來時，我們所能做的最佳準備工作。

POINT

- 「人生長期化」、「生活型態短期化」、「世界加速變化」使得人生的規則出現了巨大變化。
- 累積「技能、人脈、自我理解」這三樣東西能幫助我們克服轉換人生方向的難關。
- 累積這三大法寶，隨機應變確立自己的人生主軸活下去，就能擁有充實的人生。

## 「先做再說」的行為模式帶來的啟發

**工作高手會認為「責任在自己」**

想成為表現出色的「工作高手」，必須學會：

①正確的思考方式
②正確的學習方式
③正確的行動方式

推薦書籍

**行動能改變結果 Hakku大學式最強工作術（暫譯）**

行動が結果を変える ハック大学式 最強の仕事術

ハック大学ぺそ／著
Socym出版

ハック大学ぺそ……上班族（外資金融業），經營的YouTube頻道「ハック大学」訂閱人數24.4萬人。

這三件事。工作高手的共通點①**正確的思考方式**指的是**「自責思考」**。

也就是認為「事情的責任及失敗的原因在自己身上」。與此相對的則是「他責思考」，認為「責任及失敗的原因在別人身上」。

例如，工作因下屬的疏失而延誤時，他責思考的人會認為是下屬的錯。但自責思考的人則會反省「是不是我的指示有問題」、「是不是因為我沒有要求下屬報告進度所以才會出錯」，認為是自己的責任。

如果想法只停留在「是別人的錯」，那麼就不會有進步的空間。

但自責思考的人會試圖找出自己的錯誤或有待改善之處，思考「是不是自己有什麼沒做好的地方才會導致失敗」、「我該怎麼做才不會讓對方再犯同樣的錯」因此，自責思考會帶來**「成長」**這項好處。

另外，**「在社會上受到肯定」**的當然也是自責思考的人。因為把問題當作分內責任，願意以行動改善的人，都是優秀、工作能力強的人。

## 輸出是正確學習的必要條件

接著看工作高手的共通點②**正確的學習方式**。學習方式的重點是「**輸入與輸出相互結合**」。意思是用寫在紙上之類的方式輸出自己輸入學習到的知識。

輸出具有「**加強記憶**」、「**提升輸入的品質**」、「**能夠得到回饋**」三項好處。

透過輸出可以「**加強記憶**」的原因在於，沒有輸出的資訊會遭頭腦判斷為不需要的資訊而被忘記。

因此，學到了重要的知識或內容時，可藉由輸出牢牢記在腦中。

輸出的方式包括了寫在紙上、對人說出來等，最有效的方法則是教導他人。教導他人具有相當難度，但也因此更能鞏固記憶。

輸出的第二個好處是「**提升輸入的品質**」。如果輸出已經是預設的前提，那麼在輸入的階段就會更加努力以求正確理解，因而增加理解度。

我現在閱讀一本書的前提都是藉由「將書的內容製作成影片進行講解」的方式輸出，因此必須完整理解書中內容。

而我也親身感受到，與過去沒有拍攝影片進行講解時相比，現在的做法提升了閱讀這項輸入方式的品質。

輸出的第三個好處是**「能夠得到回饋」**。回饋指的是自己以外的人給予的評價。

例如，用對人說出來或在社群媒體上發表等方式輸出的話，可能會被提問、收到「讚」之類的評價或毫無反應，這些都是所謂的回饋。這些來自他人的評價能讓人省思「確實還有其他看法」、「我的理解還不足」等，更加深入學習。

當人放棄了學習，便會停止成長。希望大家都能在自己能力所及的範圍內維持學習，當一個持續成長的「工作高手」。

## 正確的行動方式是「先做再說」

工作高手的共通點③**正確的行動方式**是指**「動手主義」**。

這是一種「先做再說」的行動思維，而且動手主義也有**「以行動改變現狀」**、**「提升思考的**

**質與量」**、**「增加動力」**等三項好處。

**「以行動改變現狀」**的意思是就算思考得再久，如果沒有動手做的話，工作就不會有進展。無論想得再多，沒有實踐的話就不會化作成果。因此到頭來，決定了差異的終究是行動的多寡。某種程度上，稍微衝動一點，不要等到完全塵埃落定、討論完畢才行動，能夠成長得比較快。

動手主義的第二個好處是**「提升思考的質與量」**。也就是奉行「先做再說」原則的人，思考的質與量會比較好。

先做再說一定會遇到問題，但不做做看的話就不會發現問題。遇到了問題，就會思考該如何解決，解決問題後繼續做下去又會再遇到新的問題。行動的過程中會不斷遇到新問題，但遇到時再來針對眼前問題思考會比較有效率，思考的質與量最終也會有所提升。

即使行動前已經預想了風險、假設各種狀況，實際上也未必會發生，還沒行動就花太多時間思考會影響效率。有些狀況要等真正動手做了以後才會遇到。

動手主義的第三個好處是**「增加動力」**。「先做再說」的人比較容易維持高度動力。動力在想法形成時最為新鮮，趁著還有新鮮感時先做再說，便能帶來微小的成功體驗。這樣的成功體驗又會再產生動力，然後再把握動力仍在高檔時繼續累積成功體驗，如此不斷重複能夠維持出色表現，創造出好成績。

**POINT**

- 學會正確的思考方式、正確的學習方式、正確的行動方式便能成為「工作高手」。
- 正確的思考方式就是「自責思考」，具有「成長」、「得到社會肯定」等好處。
- 正確的學習方式重點在於輸出。輸出的好處是「加強記憶」、「提升輸入的品質」、「能夠得到回饋」。
- 正確的行動方式是指「動手主義」，這樣做的好處是能夠「以行動改變現狀」、「提升思考的質與量」、「增加動力」。

## 物以類聚是不變的道理，當一個「給予者」才會成為贏家

推薦書籍

**給予：華頓商學院最啟發人心的一堂課**

亞當・格蘭特／著
汪芃／譯
平安文化出版

亞當・格蘭特……華頓商學院教授，工商心理學家。

### 「互惠」可幫助頭腦節能，並使人更受歡迎

當一個給予者（GIVER）才能在今後的時代勝出。原因和第五章的〈「互惠、一致性、社會認同、喜好、權威、稀有性」是掌握人心的六大關鍵〉中曾稍微提到的**「互惠」**有關。

「互惠」就是「當我們得到別人給予的好處時，會想要做出回報」，這是人類的一種習性。

人是社會性動物，過去想在團體中存活的話，能夠「做出貢獻」的個體才容易生存下來。

也就是會做出回報、懂得互惠的個體，或是能夠「做出貢獻」的個體比較值得信任，因此

容易生存。只想多拿好處的個體，或是只看重利害得失、見風轉舵而缺乏一致性的個體則因為難以得到信任，所以不容易生存。一般認為，人類因此發展出了「互惠」的習性。我們具備「互惠」習性的第一個原因，就是①**懂得互惠的人比較容易獲得信任**，這樣才存活得下來。

具備「互惠」習性的第二個原因，則是②**能夠簡化決策**。進行決策會耗費心力，人為了盡量節省腦部的能量，於是發展出簡化決策的機制，其中之一便是互惠。

另外，《影響力：說服的六大武器，讓人在不知不覺中受擺佈》這本書中提到的掌握人心六大關鍵（互惠、一致性、社會認同、喜好、權威、稀有性），也全都與前面提到的兩項原因有關。

人類在進化的過程中發展出了這六種機制，這意味著「身為受信任的個體」及「身為決策時能夠節省能量的個體」這兩點在進化過程中具有重要性。

## 給予者聚集在一起能夠提升彼此表現

不過，在面臨各種考驗的現代，並非每個人都是給予者。人類其實分為給予者（GIVER）、索取者（TAKER）、互利者（MATCHER）三種類型。

給予者……願意給予、分享的人。

索取者……只顧著索取的人。

互利者……視狀況調整的人（想取得平衡的人）。

就長期來看，**給予者是最有好處的**。這是因為給予者會彼此聚集在一起。

基本上，人都喜歡與自己性質相近的人。只要回顧自己過去的人生，相信你也會同意這一點。這其實就是物以類聚的道理，因此給予者會和給予者在一起，彼此相處融洽，長期下來這樣會獲益更多。

例如，由於時間是有限的，因此單靠自己能學到的知識及經驗同樣有限。但如果願意互相「分享」知識及經驗的，就能得到超過獨自一人努力的成果。正因為如此，從長期來看，懂得給予、分享的人更容易獲得豐富的收穫。所以首先要做的，就是提醒自己當一個分享者。不要當只顧著索取的索取者，或是愛計較利害得失的互利者，和同樣是分享者的人當朋友才是聰明的選擇。

給予者能夠相提升彼此的表現，這樣的關係可說是最理想的。

## POINT

- 人分為給予者（願意給予、分享的人）、索取者（只顧著索取的人）、互利者（想取得平衡的人）三種。
- 想在群體中順利生存的話，絕對是當「給予者」比較有利。
- 給予者的周圍會吸引同為給予者的人聚集，能夠相互加乘得到知識及經驗。
- 首先要做的，就是提醒自己當一個給予者。

# 培養五種金錢相關能力，成為財富自由的人

**推薦書籍**

**獲得真正的自由金錢大學（暫譯）**

本当の自由を手に入れるお金の大学

両@リベ大学長／著
朝日新聞出版

両@リベ大学長……
「LIBERAL ARTS大學」網站負責人，「日本最自由的公司」董事長。

## 「財富自由的人」在長壽化社會具有優勢

由於人類壽命比過去更為延長，因此全世界追求**財富自由**的人也愈來愈多。

財富自由是指資產所得大於生活支出的狀態。而**「資產所得」**則是股票或不動產的租金收入等，自己不需工作也能透過資產得到的收入。

相對地，上班族工作得來的薪資，自營業或公司行號負責人的事業所得則是**「勞動所得」**。

假設每個月的生活支出為二十萬圓，若資產所得超過二十萬圓的話，便屬於財富自由的

人。

追求財富自由的人愈來愈多，是因為人類較過去更為長壽成為全球普遍趨勢，資產所得的重要性隨之提升。

我們活得更久，卻也因此得一直工作到死為止，而資產所得便是解決這種狀況的手段。這是因為資產成形之後，就能創造金錢，確保老年生活無憂，所以有愈來愈多的人希望累積一定資產，達到財富自由。

## 達到財富自由所需的五種能力

想達到財富自由的話，必須培養五種能力，分別是①**存錢的能力**、②**賺錢的能力**、③**讓錢變多的能力**、④**守住財富的能力**、⑤**運用金錢的能力**，以下就來一一講解。

首先，培養①**存錢的能力**要做的事情是檢討固定支出（電話費、水電瓦斯費、保險、用於家庭等的金錢）。

這方面的檢討只要進行一次就行，所以先由此著手。

例如，電話費可以選擇便宜的資費方案，水電瓦斯也可以改成費率較低的公司等。另外，比起買房子，將這筆錢用於投資股票的話，就金錢方面而言會更划算（不過，實現「擁有自己的家」這個夢想的意義無法單純用金錢衡量）。

無論如何，**想培養存錢的能力就要努力學習、實踐**。需要學習的內容雖然很多，但為此付出時間及心力是值得的。

接下來是**賺錢的能力**，這指的是透過轉職或經營副業等提升收入（我個人認為這項能力是最重要的，會在後面詳細解說）。

而要培養**讓錢變多的能力**則得靠投資，因此最好學習股票或不動產的相關知識。資產所得的目標是每年的投資報酬率大約百分之五。虛擬貨幣或外匯投資等雖然投資報酬率更高，但這些投資方式的賭博性質太強，因此還是建議投資被稱為「傳統資產」的股票、不動產。

第四項能力是將累積起來的資產**「守住的能力」**。這是等到資產增加以後才需要考慮的事，之後再了解也無妨。

舉例來說的話，就是要具備一定知識，以免因為遭詐欺或敲竹槓、天災、失竊、浪費、通貨膨脹等而蒙受損失。

最後一項則是聰明**「運用金錢的能力」**。意思是將錢花在自己身上，也就是自我投資，以提升賺錢的能力，學習、書籍、教材、課程、經驗等都可以算是自我投資。

前面提到，金融投資的年投資報酬率為百分之五，但自我投資若是得當，年投資報酬率可以達到百分之百、十倍，甚至連百倍都有可能。

我認為在自我投資與金融投資雙方面取得平衡是最好的，至於最佳的配置比例，則取決於年齡、性格、個人態度。

但基本上，應該趁賺錢的能力還不高的年輕時積極進行自我投資。用金錢換取時間也是自我投資的重點之一。我建議不妨以金錢換來更多自由的時間、工作時間、學習的時間。

## 「賺錢的能力」能讓人生更好

在成為財富自由的人所需要的五種能力之中，**我認為最重要的是「賺錢能力」**。

「資產＝收入－支出」，但支出就算再怎麼降低，也是有極限的。

在日本生活的話，無論如何節省，每個月的生活支出至少也要五～十萬日圓，因此必須提升收入才行。

即使不是很會賺錢，只要時間夠長的話，還是能夠達到經濟上的獨立、提早退休，但這樣要花上超過二十年的時間。如果希望達成經濟無虞、提早退休的目標，必須具備賺錢的能力。財富自由的關鍵就在於如何提高自己的「時薪」、如何提升「賺錢能力」。

如果你是上班族的話，方法包括了升遷、轉職、經營副業等。若你是自營業或公司行號負責人，則可以拓展事業。

年輕時尤其應該多加自我投資，提升「賺錢的能力」。

總而言之，想提升「賺錢能力」的話，事業所得絕對比薪資所得有優勢。

事業所得是沒有上限的，順利的話可以賺進巨大的財富。

因此我建議，若想盡早達到財富自由，那就應該經營自己的事業。如果你現在是上班族，不妨先從經營副業開始。

另外，自己經營事業的話，報稅時便能認列各項費用支出，在稅制上較為有利，也容易縮減支出。

經營事業能使「賺錢的能力」與「守住財富的能力」都有所提升，如此一來，也就開啟了通往「財富自由」的道路。

## POINT

- 財富自由是指資產所得大於生活支出的狀態。
- 想要財富自由，就必須培養①存錢的能力、②賺錢的能力、③讓錢變多的能力、④守住財富的能力、⑤運用金錢的能力等五種能力。
- 「賺錢的能力」是最重要的，自己經營事業會更有優勢。另外也要趁年輕時多做自我投資。

## 「社會認定的成功」不等於「個人的幸福」。應該追求自己的幸福

推薦書籍

**年收入只有90萬日圓的快樂生活（暫譯）**

年収90万円でハッピーライフ

大原扁理／著
筑摩書房出版

大原扁理……二十五歲起在東京展開週休五日的隱居生活，已在年收入不到一百萬日圓的狀態下過了六年。

### 先思考自己想要的幸福為何

**在這個時代，大多數人都選擇追求社會所認定的成功，但我認為，應該聚焦於「自己」而非「社會」認定的幸福。**相信如此一來，日常的表現也會提升。關鍵在於「別人給的一百個『讚』比不上自己所給的一個『讚』」。

前面也曾多次提到，每個人對於幸福的定義都不一樣，社會認定的成功未必等同於個人的幸福。

或許對某些人而言，獲得金錢及名聲是幸福；但可能有人覺得建立幸福的家庭，或是可以盡情打電動才是幸福。

換句話說，最重要的是思考對「自己」而言，什麼是幸福。

如果不想長時間做自己不喜歡的工作，不妨思考看看如何減少工作時間。例如，降低物慾、減少生活支出的話，就不需要長時間工作賺錢。

希望你想一想，對自己而言，「雖然沒錢，但有自由」和「錢雖然夠用，但缺少自由」之間理想的界線在哪裡。

**最理想的狀態當然是「做自己喜歡的事過生活」，但如果難以達成的話，則應該思考如何避免「只能一直做自己討厭的事到老到死」。**

## 「年收入九十萬日圓的生活」帶來的啟示

如果不想做自己不喜歡的工作，收入可能會變少，這時候當然應該要設法壓低生活支出。

但也有人年收入僅九十萬圓，但依舊活得下去。由於我自己實在沒有這方面的經驗，所以要介紹的是《年收入只有90萬日圓的快樂生活》（暫譯）的作者大原扁理所過的生活。

衣服如果是名牌的，價格自然昂貴，但現在有許多便宜、品質好的選擇，因此他都是買這一類的。餐費則是藉由「糙米、味噌湯、醃漬物、一道配菜」的飲食內容壓在每個月一萬圓（吃的東西不太固定，會自己煮飯做各種變化）。

總之，少吃一點不但能改善身體狀態，而且還能省錢，可說是一石二鳥。

住的方面，如果住郊區的話，在東京也能找到每個月房租二～三萬日圓，管理費一千五百日圓，二點五坪大的套房（有衛浴、閣樓）。不過離最近的車站要走路二十分鐘，附近也沒有超市或便利商店。

至於水電瓦斯、電話費等固定支出，加起來則是每個月一萬五千日圓。其他花費就只有每個月外食一次或偶爾去泡溫泉等。

綜合以上敘述，餐費一萬日圓，房租與管理費共兩萬九千五百日圓，固定支出一萬五千日圓，合計五萬四千日圓。每個月的其他支出為一～二萬日圓，因此一個月所需的錢總共是七萬～八萬日圓。

如果年收入九十萬日圓，等於平均每個月七萬五千日圓，多餘的錢就可以存起來。

可能有人會好奇這樣是否有錢繳稅，但年收入只有九十萬日圓左右的話，似乎就不會被政府課稅，完全沒收到所得稅與住民稅的繳稅通知。而年金方面，低收入者提出申請的話，就能獲得部分減免。那大原平時都在做什麼呢？基本上就是去圖書館、公園，寫文章等。過這種生活不會沒有安全感嗎？其實只要有足以生活半年的積蓄，就不會覺得有壓力。因此我建議還是要有存款。

實際上，**許多科學研究都指出，沒有存款的話會使得智商及判斷力下降，有存款精神才有辦法放鬆**。適合過這種生活的人，想必都是喜歡獨處、重視自由、不在意世俗眼光、個性樂觀的人吧。

由於這種生活實在太過極端，我想應該不會有什麼人想要仿效。但重點在於，**自己能從這種生活態度學到什麼**。其實讀每本書都是一樣，看到某種觀點或想法時，最重要的其實是思考「這次學到的東西能如何應用在人生中？要採納哪些部分來實行？」的態度。

也就是要懂得自己思考，才有辦法為自己的人生帶來好表現。

## 追求能夠提升人生表現的生活方式

以極少的花費過生活的同時，運用各種媒介向他人傳達「自己喜歡的事」——在這個時代是可以選擇這種生活方式的。

透過經營網路媒體賺錢，並壓低生活費，我認為這是最厲害的生活方式之一。

在這個時代經營網路媒體有非常大的好處，像是認識價值觀相近的人、可以賺到錢、減少生活支出等，這種生活方式對於有共鳴的人而言是非常適合的選擇。

例如，每個月靠打工賺八萬日圓左右的人，在沒有班的時候就可以從事不花錢的休閒活動，或是經營網路媒體等。

網路媒體包括了部落格、Twitter、YouTube、IG、TikTok、Podcast等，若是認真經營，半年至一年便能賺到五萬～十萬圓左右。好好做功課、努力耕耘並且發展順利的話，相信收入還會更多。

食衣住行在過去不像現在那麼便宜，而且一般人要取得曝光的機會是不可能的事。但在這個時代，一個人生活不需花太多錢，而且有很多管道可以在媒體上曝光、展現自我。

今後應該會有愈來愈多人節儉生活，並在網路上介紹、傳達自己喜歡或擅長的事。

當然，這種生活方式未必適合每個人。我自己則頗為適合，事實上我也的確過得相當節省，並藉由在網路上介紹自己喜歡的事、擅長的事賺取收入。

我對於這種生活方式非常滿足。

請你也務必找出適合自己的生活方式，並試著親身實踐。

**選擇適合自己、能夠活出自我的生活方式，能幫助你提升每天的表現。**

POINT

■「社會認定的成功」不等於「個人的幸福」。應該思考與他人無關，只屬於「自己」的幸福為何。
■在這個食衣住行都便宜的時代，即使年收入只有九十萬日圓也活得下去。
■過節省的生活，並經營網路媒體介紹自己喜歡或擅長的事，是這個時代最厲害的生活方式。

## 後記

我在「序」也曾提到，「Sam的書籍解說頻道」重視的價值觀：

**「不要追求一百分，只要做到平均六十分就好」。**

「Sam的書籍解說頻道」的影片中也經常提到這一點。任何事都一樣，不要追求完美比較好，這是我很強調的價值觀。

因為我認為，完美主義會累積壓力，反而讓人無法交出好成績。

尤其在睡眠、運動、飲食方面，追求完美只會造成反效果。像是「連對便利商店的光線都感覺無法忍受」、「一偷懶沒運動就極度厭惡自己」、「太在意吃的東西，結果造成壓力，吃飯變得食之無味」等，整個人神經質起來。

基本上，大部分的事情只要掌握到了重點，通常都能有六十分以上的成績，這部分在第六章的〈認識「八十／二十法則」並加以應用，能讓人生受益〉也曾提起。

因此我建議，確實掌握最重要的百分之二十，追求六十分就好，可以的話再設法做到八十分左右。像這樣不要把自己逼太緊的態度，其實是最好的選擇。

能對所有事都全力以赴的，只有出類拔萃的天才。正因為如此，身為凡人的我們更要懂得判斷哪裡才是該用心投入的部分。

你也不妨用「追求六十～八十分就好」的態度豐富自己的人生。

希望本書能略盡棉薄之力，對你的人生起到幫助。

最後我要在此感謝本書所介紹的四十一本書籍的作者與譯者，以及出版這些優質作品的出版社。

期盼本書也能如同上述著作般帶給讀者收穫。

【作者簡介】

## Sam的書籍解說頻道

書評Youtuber，頻道訂閱數超過45萬。
頻道的理念是「用知識豐富人生」，主要解說腦科學、心理學、生理學、營養學等領域的書籍。解說搭配了動畫，淺顯易懂，而且內容真誠，因此深受網友歡迎，並在2020年1月爆紅。
頻道經營者是大阪大學人文科學院的在學生，每年閱讀約200本書，日本熊本縣人。因體驗到閱讀為自身帶來的正向改變，於是投身推廣閱讀。



# 如何成為一流職場菁英？

## 41本全球暢銷書教我們的最強工作心法

出　　版／楓書坊文化出版社
地　　址／新北市板橋區信義路163巷3號10樓
郵政劃撥／19907596 楓書坊文化出版社
網　　址／www.maplebook.com.tw
電　　話／02-2957-6096
傳　　真／02-2957-6435
作　　者／Sam的書籍解說頻道
翻　　譯／甘為治
責任編輯／王綺
內文排版／洪浩剛
校　　對／謝宥融
港澳經銷／泛華發行代理有限公司
定　　價／380元
初版日期／2022年9月

國家圖書館出版品預行編目資料

如何成為一流職場菁英?：41本全球暢銷書教我們的最強工作心法 / Sam的書籍解說頻道作；甘為治翻譯. -- 初版. -- 新北市：楓書坊文化出版社, 2022.09　面；　公分

ISBN 978-986-377-802-8（平裝）

1. 職場成功法 2. 健康法

494.35　　111010536